と
防衛を考えたい

日本経済新聞社
政治・外交グループ 編

日経プレミアシリーズ

はじめに

「あなたと日本の防衛を考えたい」。本書をまとめるに当たって題名に思いを巡らした。「要するになんなんだ」という問いに浮かんだのが、この題名である。防衛には専門的な響きを感じるとの声がある。専門的とは自分と距離がある、もしくはほとんど関係ないニュアンスを含む。

「だからなんなんだ」という質問へのシンプルな回答がないと素通りされる。素通りされていい状況ではないというのを伝えるために、この題名にした。国民の生命・身体・財産にかかわる話だからである。

戦後の日本の平和は、防衛について国民一人ひとりが真剣に考えなくても、米国が担ってくれる所与のもの、すなわち空気のような存在だったのかもしれない。戦前の反動から戦後は軍事的なものへの嫌悪感が防衛に重ねられていた。その雰囲気が時の政権が軍事面で暴走しないよう一定の歯止めの効果を持ったのは確かだ。

中国が米国の覇権に挑み、ロシアはウクライナを侵略した。台湾有事も絵空事ではない。

世界の安全保障環境は一変した。日本の防衛について思考を停止し、無関心であっても、平和が勝手に続く保証はなくなった時代に突入したのである。

防衛はイデオロギーではない。イデオロギー論争に終始できるのは、逆にその前提として絶対的な平和があることになる。現実を前にすればイデオロギーは力を持ち得ない。その冷徹な事実を認めるところから始めなければならない。

政府は2022年12月に敵の攻撃拠点をたたく「反撃能力」の保有を盛り込んだ安全保障関連3文書を決めた。

周りには台湾への武力統一を否定しない中国や核・ミサイル開発を進める北朝鮮がある。環境を考えれば、国家として抑止力の強化に取り組むのは当然である。

ロシアがウクライナを侵略したのは、ウクライナの抑止力が脆弱だったのが一因だ。ウクライナが西側の軍事同盟である北大西洋条約機構（NATO）への加盟を検討していたが、間に合わなかった。ウクライナに米軍が駐留していれば、ロシアは侵略を開始できなかっただろう。

その教訓を踏まえれば、根拠のない楽観論に依拠して抑止力強化への取り組みを放棄するのは国家としての怠慢になる。同盟を結ぶ米軍と一体で統合抑止の態勢を整えなければならない。

敵国が他国への侵略について不合理と判断すれば、侵略を踏みとどまる。戦争を回避するための有力な手段が抑止力である。

ロシアのウクライナ侵略は日本の一部に残る「空想的な平和主義」が無力で、無責任な考え方である点も改めて浮き彫りにした。日本経済新聞社の世論調査で反撃能力の保有には60%が賛成と回答している。

平和を維持するための防衛の具体的な方法を練り、実践する段階にある。

核を巡る議論も避けて通れない。唯一の被爆国として「核兵器なき世界」を追求する理想は持ちつつ、目の前にある脅威に対処しなければならない。核保有国である中国とそれに邁進する北朝鮮。韓国には核武装論が浮上する。

日本が核保有国に囲まれた場合にどうするか。様々なケースが考えられるはずだ。まずはこうした議論の土壌を整えることである。

第一に日本の国益とは何かということを広く共有しなければならない。安保3文書の一つである国家安全保障戦略で定義した①主権と独立を維持し、国民の生命・身体・財産の安全を確保する②経済成長を通じてさらなる繁栄を実現する③自由、民主主義、基本的人権の尊重、法の支配といった普遍的な価値や国際法に基づく国際秩序を維持・擁護する――の3つが柱となる。

政府は13年に初めて国家安保戦略を定めた際に国益の内容を提示した。今回はそれを拡充し「インド太平洋地域において自由で開かれた国際秩序を維持・発展させる」などを付け加えた。

自立的な防衛に踏み出した国家安保戦略に記載する国益について政府・与党内で論争が活発だったとは言い難い。防衛費増額の財源について赤字国債で賄うか、増税で充てるかが目を引いた。

国益への共通認識が乏しいと何を守らなければならないのかもあいまいになる。

今回の国家安保戦略に限らず、戦後78年間、政治の舞台で国益論が白熱したとの印象は薄い。すぐにイデオロギー論争にすり替えられがちだった。

政治の舞台から遠ざかった背後には戦前の軍国主義を想起させる危険な考え方につながるとの懸念があったとみられている。国際協調との相反も指摘された。

東大名誉教授の御厨貴氏は「第2次世界大戦で日本は占領された瞬間、国益を忘れた。国益や私益を考えるより、どうやって生きていくかだった」と振り返った。「高度経済成長期を経て国益について考えるようになったのは中曽根内閣以降だろう」と話す。

新たな国家安保戦略に関し「自民党は国益論から逃げたと言われても仕方がないが、国益論を始めたら、それをどう守るかの手段になる。赤字国債か増税かの対立のほか、自衛隊の位置づけなど憲法改正の議論にも及ぶ」と述べた。

他国はどうか。政治体制が異なる中国の共産党内では「国益は安定と発展」という認識が一般的。習近平（シー・ジンピン）国家主席は22年10月の共産党大会で「我々は国益を重視し、国家の尊厳と核心的利益を守り、我が国の発展と安全の主導権を握った」と語った。

過去の歴史から領土や権益を守る意識が強い。台湾や新疆ウイグル自治区などは譲歩する余地がないとの意味を込めて「核心的利益」と呼ぶ。

中国共産党は経済発展や社会の安定を維持し、領土を守るには党が政府を指導する政治体制の継続が必要だと主張する。その裏にはこうした国益が損なわれれば、共産党による一党支配という「党益」まで揺らぎかねないとの危機感がある。

再び日本。第二に国益を守るのは防衛力だけではない。経済力、外交力がそろって抑止力として機能する。

日本はこの30年間、経済がほとんど成長しなかった「失われた30年」と揶揄（やゆ）されている。

経済の構造改革を進め、「出口」を急がなければならない。

保守政党をうたう自民党の経済政策はリベラルを掲げる米民主党型、「大きな政府」路線である。旧ソ連最後の最高指導者、ゴルバチョフ氏は「日本は最も成功した社会主義国家」と評した。選挙でどう勝つかから逆算した経済政策であり、成長が見込めない企業も「票」に見立てて、救済するような政策を続けてきた。その結果、30年以上にわたって日本経済全体が成長せず、世界から取り残される事態を招いた。

だから「政治が悪い」と言いたいわけではない。政治家は世論をみて動く。世論は国民一人ひとりが構成する。「失われた30年」の責任の一端はわれわれにもある。

大衆迎合主義（ポピュリズム）とは一線を画す毅然とした態度を取らなければ、政治はポピュリズムに傾く。経済政策であれば、バラマキ型の財政支出は続く。持続可能な経済成長の基盤づくりとはほど遠い、国の姿である。

防衛力を支えるのは経済力だ。経済が成長しなければ、防衛力も強くはならない。経済力と並んで重要な外交力の要諦は国際協調になる。台湾有事を見据えると「国際協調主義に基づく積極的平和主義」を掲げる日本外交は東南アジア諸国との安保、経済両面での協力拡大が急務だ。

インド太平洋の安定は日米同盟を基軸に英仏独など欧州との連携も欠かせない。外交力が不可欠と唱えるだけでは、机上の空論になる。ウクライナ支援は外交力の裏付けとして武器供与の存在を大きくした。

米英だけでなく、これまで慎重だったドイツも方針を転換した。ドイツ政府は旧式戦車「レオパルト1」について最大178両までウクライナに供与する。輸出を認めたのは「レオパルト1A5」。ウクライナへの引き渡しを決めた主力戦車「レオパルト2」の旧式にあたる。

日本は食料など人道上の支援や財政支援が中心だ。越冬対策で300台ほどの発電機や8万3500台の太陽光で充電するランタンを順次送る。

日本は輸出のあり方を定める防衛装備移転三原則が立ちはだかり、海外への武器提供には厳しい制約がある。ヘルメットや防弾チョッキの支援にとどめてきた。

侵略された国に殺傷能力のある武器を提供可能にする案はあるものの、実現にはまだ時間を要する。1990年代の湾岸戦争と似たような構図だ。日本は武器提供ができないために国際的には評価を得られない呪縛に陥っている。

これらの問題を国民一人ひとりが認識し、日本としてどうあるべきかを問わなければならない。防衛は米国任せ、経済はポピュリズム、外交は重要性を連呼するだけでは世界からますます取り残されるだけである。

本書『あなたと日本の防衛を考えたい』は日本経済新聞社の政治・外交グループのデスクと記者が総力を挙げてつくりあげた。最後に言いたいのは「防衛とはあなたである」ということ。日本の防衛を取り巻く厳しい現実と危機感を「あなた」と共有できれば、幸いである。

2023年3月

日本経済新聞社　政治部長　吉野直也

目　次

第２章 戦後安保は国を守れるか

第3章　国家安保戦略を読み解く

2 日米同盟 新時代へ

第4章 新戦略の先へ「私の提言」

第5章 一目で分かる重要文書

3 日米首脳共同声明 319

第 1 章

プーチンが招いた新しい戦争

無人のドローンが都市を襲う。
人工衛星がハッキングされる。
ウクライナ侵攻にはまるでSF小説のような攻撃が登場しました。
日本防衛のハードルは確実に上がっています。
激動する世界、日本の安全保障の「いま」に迫ります。

1　無人機の時代

◆「たかが気球」の落とし穴

人類が初めて気球を軍事利用したのは200年以上前、フランス革命時の戦争とされる。革命に干渉するオーストリアを仏軍が気球で偵察した。目覚ましい実績は上げられなかったのか、その後にナポレオンは航空部隊を畳んでいる。

当時の気球は風任せだ。航路を正確かつ機敏に変更するのは難しい。近代戦でもドイツのツェッペリン号や日本の風船爆弾のような例はあるが、飛行機のように戦局を左右する主戦力にはならなかった。

「安全保障に影響はない」。2020年、東北上空に白い球体が出現した際に河野太郎防衛相（当時）はこう断じた。日本も世界も気球への警戒心は乏しかった。23年2月に「たかが気球」の印象は一変する。米国は上空に飛来した中国の白い気球を問題視し、最新鋭戦闘機F22で撃墜した。

「少なくとも重さ９００キロ以上の情報収集の機材を積んでいた」。米軍は分析した。大きさは60メートルと小型ジェット機並みだった。電力を生み出す太陽光パネルや位置情報を把握するためのアンテナも搭載する。計画した航路を長期間、飛び続ける堅牢（けんろう）さと装備があった。重要なのは「情報収集の機材」だ。米国が通信などに使う電磁波を傍受し、中国に送る機能とみられる。自衛隊幹部は「中国軍は各部隊に電磁波の戦力がある。質・量ともに世界最大の電磁波強国だ」と語る。

いまはあらゆるモノがネットにつながる「ＩｏＴ時代」だ。テレビやスマートフォンはネットとの接続に電磁波を使う。兵器も同じだ。戦闘機や艦船など自衛隊の防衛装備品の多くは通信網がなければ十分な戦力にはならない。誘導ミサイルを命中させるにも相手の位置を把握する際に電磁波が不可欠になる。

機器同士をつなぐ電磁波は人の指紋のように固有の形式がある。米国の戦闘機が利用する周波数の情報を入手すれば、その形式だけでどの戦闘機が通信をしているかが特定できる。

単に情報を入手するだけではない。それぞれの電磁波がわかれば、妨害するための電磁波を流して相手を機能不全にすることも簡単だ。平時に気球を飛ばして情報を得るだけで、絶大な効果があるサイバー攻撃を準備できる。

自衛隊の早期警戒管制機（ＡＷＡＣＳ）のレーダーは３００キロメートル以上先まで見通せる。妨害電波を出されれば数十キロに制限される可能性があるという。これでは敵の接近に気づかず、攻撃を回避することも困難だ。

22年8月、ペロシ米下院議長が台湾を訪ねたときも電磁波が影の主役になった。香港紙「サウスチャイナ・モーニング・ポスト」は「ペロシ氏が乗った航空機を中国の電子戦機が追跡した」と報じた。米軍が電子戦で妨害し、正確な追跡を阻んだという。

日本も既に気球による電子戦に突入している。防衛省によると中国は3つの無人の偵察用気球を日本の領空で飛ばした例がある。安全保障の急所に対処しなくてはならない。

米国は以前から軍専用の周波数帯を確保するなど対策をとってきた。ＩｏＴが加速して電磁波の利用が爆発的に増えると追いつかなくなった。20年には電子戦専用に戦略をまとめ、改善に着手した。

日本は気球騒動を受けてようやく米国のように撃墜を可能にする法解釈を整えた。専用の周波数帯の整備はいまだ途上にある。気球でさえ２００年来の技術革新を遂げる時代だ。のんびりと構えてはいられない。

◆トレンドは中国・トルコ製

ウクライナ軍がロシアの艦船や戦車を破壊するのに用い、ゲーム・チェンジャーとしての威力を見せつけるのが無人機だ。攻撃側に人命の犠牲が伴わず価格も低い。この兵器の拡散は世界の安全保障の前提をどう変えるのか。

プーチン大統領が仕掛けてから1年が過ぎた。侵攻当初、ウクライナの戦場でトルコ製の無人機「ＴＢ２」に注目が集まった。軍事大国として知られるロシアの兵器を相次いで壊したといわれた。ウクライナ軍はロシアの侵攻前から30機以上を保有していた。

ロシアも２０２２年後半から無人機による発電所などへのインフラ攻撃を重ねた。ウクライナのゼレンスキー大統領は「ロシアのミサイルやイランのドローンが主にエネルギーインフラを破壊するために常時使われている」と言及した。

ウクライナの戦場は事実上の「無人機の実験場」の性格を帯びる。トルコのＴＢ２やイラン製以外にも、米国がウクライナへ供与した自爆型無人機「スイッチブレード」などが登場した。中国の民生無人機メーカー「ＤＪＩ」の製品までも火炎瓶の投下や暗視カメラでの捜索を担った。

主な無人機製造国の輸出先

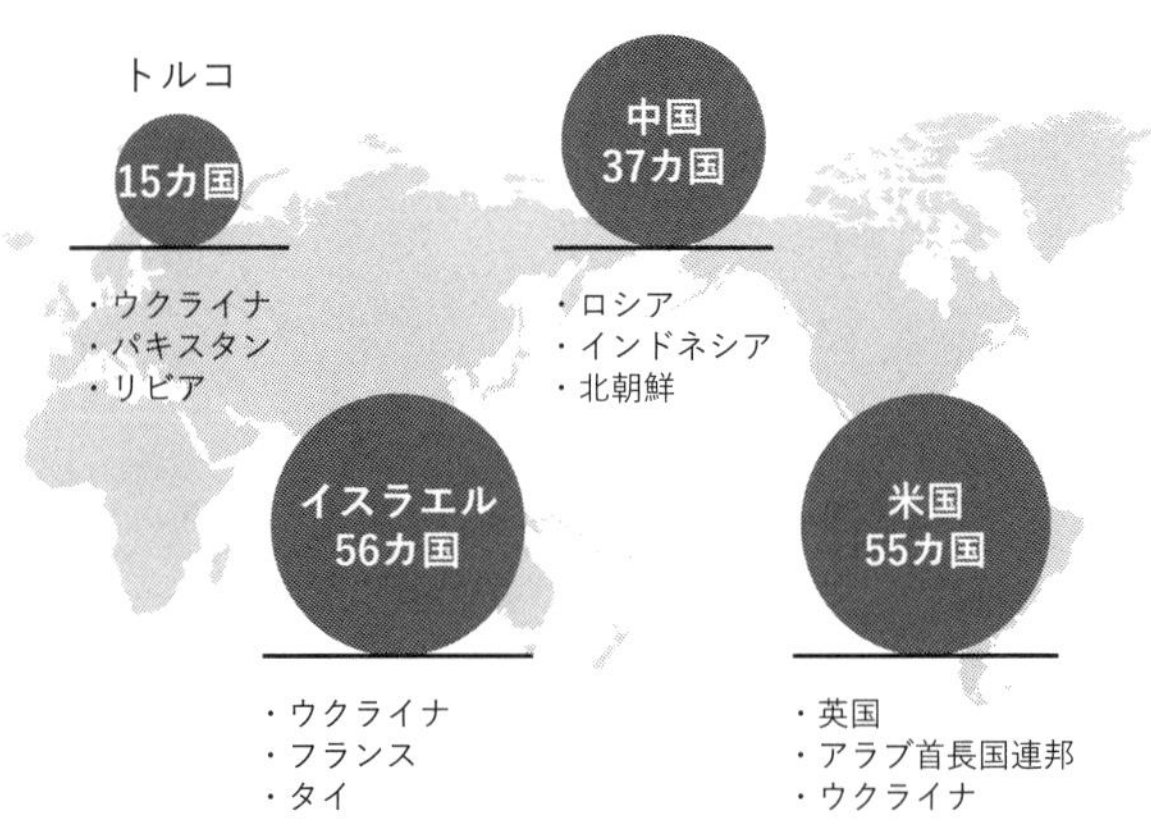

（注）慶大の古谷知之研究室のとりまとめを基に作成

第2次世界大戦後、安全保障の国際秩序を形成したのは米国と旧ソ連だった。それぞれの軍事力に加え、武器輸出を通じて各国との関係を築いた。米ソの性能の高い装備品が各国の防衛力維持に寄与する構図があった。

無人機の威力と流通網は両国が築いてきたシステムを覆しつつある。古谷知之慶大教授の研究室によると、現時点で世界で最も多くの国に無人機を輸出するのは最大の武器輸出国の米国でなくイスラエルだ。欧州やアジアなど56カ国に供与する。

米国は英国やアラブ首長国連邦

（UAE）など55カ国に提供する。中国がロシアやインドネシアなど37カ国に輸出して米国を追う。

トルコもウクライナに加えリビアなど15カ国に提供し、輸出先を急拡大している。国をあげて無人機の生産に乗り出す。

無人機の輸出上位国に、世界2位の武器輸出大国であるロシアの名がないことが秩序の変化を象徴する。

米国製は技術力でまさるが、高価なうえ技術開示などの点で制約が多い。安い価格と使いやすさで引き合いがあるのが中国やトルコ製。トルコ製などは部品を3Dプリンターで製造し修復するといった柔軟な運用が可能という。

「様々な戦場で威力を発揮した中国やトルコ製の需要は根強い。武器輸出を巡る米国の主導権は揺らいでいる」。防衛装備庁の初代長官を務めた渡辺秀明氏は指摘する。

すでに世界100カ国以上が運用し、機数は2万機を超えた。こうした潮流は各国の防衛戦略の練り直しにも直結する。

中国の習近平（シー・ジンピン）国家主席は20年に「攻撃の小型無人機の開発と軍事作戦を強化すべきだ」と指示した。

アジアではタイが中国軍の支援を受けて長時間滞空型の無人機を開発する。パキスタンは中国、トルコ双方と無人機の協力関係をつくり、国境問題を抱えるインドと生産競争を演じる。台湾は中国からの侵攻に備え、自爆型無人機「剣翔」を増産する。

テロリストへ拡散するリスクもある。中東では無人機技術がテロリストに渡ったといわれ、サウジアラビアの石油施設攻撃といった問題が深刻になった。イラン革命防衛隊は飛行距離7000キロメートルの無人機を保有すると主張する。

TOPICS 中国、無人機200機を同時飛行

人工知能（ＡＩ）や量子などの民生技術を軍事領域で活用する動きが広がる。２０２２年版防衛白書は「将来の戦闘を一変させるゲーム・チェンジャーとなりえる」と強調した。

各国は軍民両用（デュアルユース）として軍事用途への研究・開発を進展させている。「こうした技術は軍事と非軍事の境界を曖昧にし、グレーゾーンの事態を増加・拡大させる要因になっている」と説明した。

中国がＡＩを搭載した無人機を群れで飛ばす「スウォーム（編隊）飛行」技術の確立を進めていると指摘した。18年には２００機を同時に飛行させた。「スウォームの軍事行動が実現すれば、従来の防空システムでは対処が困難になる」と言及した。

量子技術は原子レベル以下のミクロの世界で成り立つ「量子力学」を利用し、機密性が高い通信技術や高速計算を実現する。

中国は16年に世界初の量子暗号通信を実験する人工衛星を打ち上げ、18年にオーストリア間で長距離通信を成功させた。量子コンピューターを「重大科学技術プロジェクト」と位置づけ、１４００億円規模を投資している。

高高度長期滞在無人機「彩虹（CH）6」など
様々な無人機が展示された（中国・広東省）

白書は金融分野で活用されるブロックチェーン（分散型台帳）技術についても軍事分野への応用が期待されていると記した。3Dプリンターのような積層造形技術も予備部品の輸送が不要になるなどの効果が見込まれ、軍事技術への活用の可能性が指摘される。

◆ゲーム・チェンジャーの登場

ロシアの大型巡洋艦「モスクワ」が2022年4月半ば、ウクライナの港湾都市オデッサから110キロメートルほどの黒海で攻撃を受けて沈没した。「モスクワ」は黒海艦隊の指揮機能を担う旗艦で、ロシアの周辺海域での制海権が弱まる契機となった。

ロシア側は当初「火災が発生した」との説明に終始した。ウクライナ側は対艦ミサイル「ネプチューン」で攻撃したと主張した。次第に浮上してきたのが無人機の関与だ。

撃沈されたとき「モスクワ」の周辺をトルコ製の攻撃型無人機「TB2」が飛行していた。なぜ、ウクライナが正確な位置情報を入手したのかは諸説あるが、TB2が「おとり」として「モスクワ」側の注意をひく役割を果たしたとの分析がある。

TB2はその後も相次ぎ小型揚陸艇を沈めた。ウクライナ国防省は「ウクライナのTB2がまたしてもロシア艦艇を破壊した」などとツイッターで動画を公開した。

ロシアの旗艦の撃沈は第2次世界大戦以降で初めてだった。無人機が加わった作戦で従来の兵器の力関係の常識を覆す象徴的な事例になった。

無人機は情報収集にとどまらず、自爆や他の兵器との組み合わせといった使用法が広がる。

ウクライナ戦で投入された無人機

機種（製造国）	能力	価格（目安）
スイッチブレード（米）	戦車など装甲車両を攻撃	数百万円
フェニックスゴースト（米）	カメラを搭載し自爆攻撃	数百万円
TB2（トルコ）	ミサイルやロケット弾搭載	数億円
民生用DJI製品（中国）	ミサイル誘導や映像監視	10万円

既存の防衛装備の価格と比べると

艦船（日本の最新護衛艦）	500億円超
戦闘機（米国製F35）	100億円超
ミサイル	数億円

米国がウクライナ軍に供与した携行型の対戦車ミサイル「ジャベリン」の戦果にも関わる。民生品の無人機の情報をもとに攻撃対象の位置や方角を兵士に指示し、ロシアの戦車を破壊した事例が報告されている。

防衛研究所の一政祐行主任研究官は「ロシアも無人機への対抗手段を備えていたと思うが、ウクライナは無人機と既存兵器を連携させて防空網を破壊した」と分析する。「有人機やミサイルが必要だった作戦が低コストな無人機で代用できるようになった」との見方を示す。

無人機の最大の特徴は、攻撃側に人命のリスクが伴わないことだ。撃墜されれば人命を失うリスクがある戦闘機と違い、危険地域での任務で目標を絞った攻撃がしやすい。

ロシア国防省によると、22年12月にモスクワの南東およそ７３０キロメートルにあるエンゲリス空軍基地周辺にウクライナの無人機が攻撃を試み、軍の要員3人が死亡した。ロシアの国境奥深くに入り込むのは有人機では困難だ。

調達コストの手軽さも特徴だ。総じて従来の装備品より抑えられる。TB2は数億円程度が目安となる。民生品は100万円を切る場合が多い。

用途や能力によるがミサイルは1基取得するのに数億円ほどはかかる。日本で最近建造された護衛艦「もがみ」は500億円以上、自衛隊も導入する最新鋭戦闘機「F35」は1機100億円超するのと比べると、価格差は一層鮮明になる。

製造に必要な技術水準も比較的低く、部品の調達もしやすい。ウクライナで墜落したロシア軍の偵察無人機「オルラン10」からはカメラやエンジンなど日本製の部品も相次ぎ見つかっている。

こうした無人機の特性は武力行使のハードルが従来と比べ一段と下がる恐れを示唆する。無人機の製造国はウクライナの戦闘を通じて人工知能（AI）などの性能をさらに向上させる。優位性が高まる無人機の広がりから目を背けるのは難しい。

TOPICS

中ロ、日本周辺に「電子戦機」投入

2022年版防衛白書は「電磁波領域の優勢の確保は現代の作戦で必要不可欠」と指摘した。電波や赤外線、X線などの電磁波を使う「電子戦」への備えが必要だと解説した。中国とロシアは日本周辺で電子戦機を飛行させている。

現代の装備品のほとんどは電波を活用して運用する。電子戦は電波を駆使することで戦闘を優位に導こうという発想だ。

白書は電子戦の方法について①攻撃②防護③支援――の3つの分類を示した。強力な電波や偽の電波を発射する「攻撃」は相手の通信機器やレーダーが発する電波を妨害する。通信や捜索能力を機能不全に陥らせる。

「防護」は電子攻撃を受けた際、使用する電磁波の周波数を変更したり出力を増加したりして電子攻撃を回避する能力を指す。「支援」は相手の使用する電磁波の情報を収集する。

中国やロシアは電子戦を重視する。白書は「中国が電子戦の実戦的な能力を向上させている」と明記した。15年に設立した「戦略支援部隊」が対応を担う。22年4月に中国の電子戦機が日本の南西諸島周辺を飛行した。

ロシアに関しては「電子戦装備を現代の軍事紛争の重要な装備と位置づけている」と記述した。電子戦部隊は地上軍を主力として、軍全体で5つの「電子戦旅団」が存在するとの見方を示した。日本海上空に電子偵察機を飛ばす。

電子戦部隊は南西方面に多い

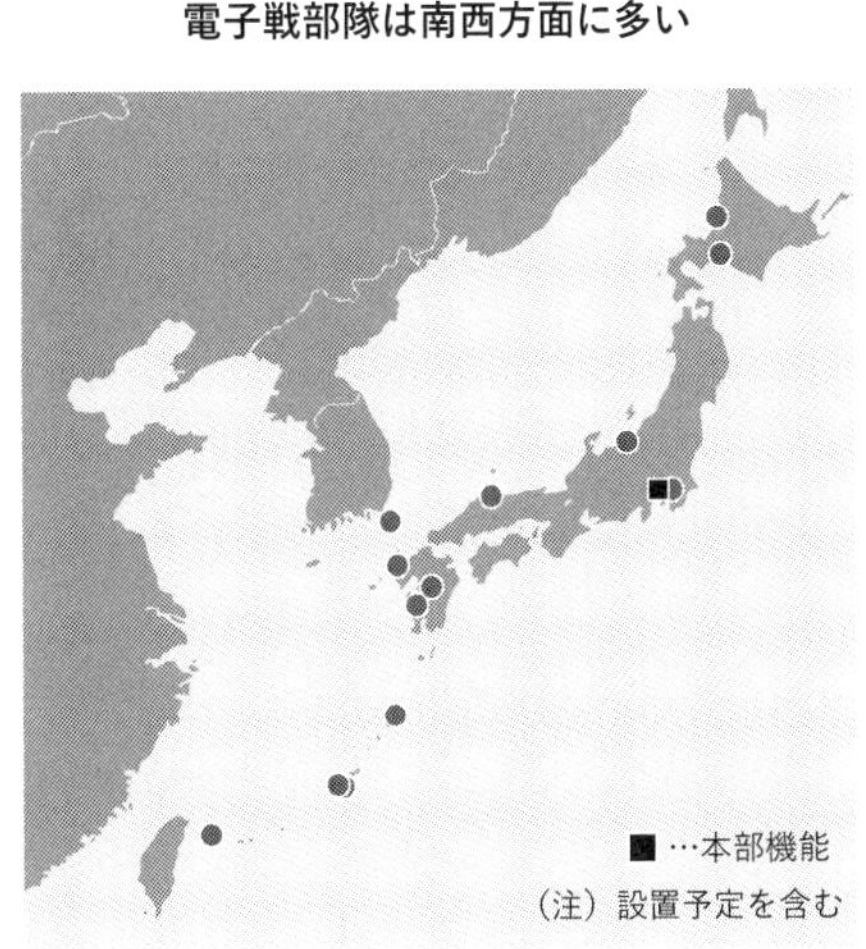

自衛隊は中ロの脅威を意識した態勢をとる。北海道と九州・沖縄を中心に「電子戦部隊」を配備する。

22年3月に電子戦の司令塔となる「電子作戦隊」を朝霞駐屯地（東京・練馬など）に発足させた。

白書は「日本に侵攻を企図する相手の電波利用の無力化は、他の領域の能力が劣勢の場合も克服手段として有効だ」と強調した。

◆「第3の革命」を規制せよ

無人機の究極の姿に人間がまったくかかわらない自律型致死兵器システム（ＬＡＷＳ）がある。専守防衛を掲げる日本は人工知能（ＡＩ）の制御がきかなくなる事態を懸念し、自らは開発しない。国際ルールの整備を主張するものの、ウクライナを巡る世界の分断が停滞を招く恐れがある。

２０２２年3月の特定通常兵器使用禁止制限条約（ＣＣＷ）、政府専門家会合（ＧＧＥ）。「新しくつくるルールがすぐに破られると確信したら、私たちの仕事は無価値になってしまう」。日本の小笠原一郎軍縮大使は合意形成への難しさをにじませた。

各国が話し合うのは銃や核兵器に次ぐ「第3の革命」ともいわれるＬＡＷＳの規制だ。ＬＡＷＳはＡＩを活用して人の判断を介さずに標的の探索から攻撃までを実行できる「完全自律型」の兵器を指す。14年以降に各国は規制の協議を続けてきた。

米国やロシア、中国といった軍事大国はＬＡＷＳなど無人兵器の開発に積極的な立場をとる。ＧＧＥは19年、ＬＡＷＳに国際人道法を適用して「兵器使用の責任は人間にある」といった指針を示した。米中ロの影響で法的拘束力のある規制は見送りとなった。

国際社会は軍備管理を進めてきた

	兵器の種類と条約	米国、中国、ロシアの対応
核兵器	核拡散防止条約 （NPT、1970年発効）	米中ロを含む 5カ国を核兵器国と定義
生物兵器	生物兵器禁止条約 （1975年発効）	締約国
化学兵器	化学兵器禁止条約 （1997年発効）	締約国
対人地雷	対人地雷禁止条約 （オタワ条約、1999年発効）	未締結
クラスター爆弾	クラスター爆弾禁止条約 （オスロ条約、2010年発効）	未締結

核兵器や生物兵器など新兵器が登場するたびに人々の脅威は増してきた。国際社会は軍備管理の規範をつくることで制御しようとした。生物兵器には１９７５年に生物兵器禁止条約、化学兵器にも97年に禁止条約が発効した。

半面、大国間に協調の動きが乏しくなると国際ルールは実質的に骨抜きになる傾向がある。殺傷性の高いクラスター爆弾を禁じるオスロ条約は米国やロシアが加わっていない。ロシアがウクライナでクラスター爆弾を使った可能性がある。

ウクライナ侵攻で米ロの溝が深まる一方、無人機の有効性は認識されるようになった。ＬＡＷＳを巡る具体的な合意を目指す機運は一段と遠のいたといえる。

日本と海外の差は開いた。自衛隊の無人機は敵の状況を把握する役割が中心だ。ドローンなど偵察用の小型無人機はおよそ1000機を保有する。

防衛力整備計画には攻撃型無人機の配備を明記したものの、ようやく他国の主要な無人機の性能調査を始めたにすぎない。拓殖大の佐藤丙午教授は「技術競争に日本だけが立ち遅れれば、国際的な規範形成に有効な関与はできなくなる」と指摘する。

規制が定まらなくてもＬＡＷＳに近づく技術革新は進む。2020年にリビア内戦ですでにＬＡＷＳが実戦で使われた疑いがある。ウクライナの戦場はＡＩ（人工知能）の性能を向上させる格好の舞台となり、差は広がるばかりだ。

元航空自衛隊幹部は「無人機が誤って民間人を攻撃したらどうするか。制御する能力とともに、倫理や法律などの面でどう整理するかが明確とは言えない」と語る。安全保障環境の急速な変化の前に立ちすくんでいるままでは日本の針路は見えてこない。

TOPICS

中国の気球、撃墜できない？

外国の無人機が飛来したら対処できるのか。防衛当局のこんな懸念が現実になった事案が発生した。

米国で2023年2月上旬、中国の偵察用気球が米本土上空に現れた。気球には戦闘機のようにパイロットが乗っていない。無人の航空機にあたる。警告して領空から出るように促すこともできず難題となった。

バイデン大統領がとったのは撃墜の判断だ。米国は気球に軍事施設を標的に通信を傍受できるアンテナが搭載され「情報収集活動が可能だった」と断定した。中国は「民間の気象研究用」と主張した。

その後、明らかになったのが中国の運用実態だ。米国務省は中国が似たような偵察気球を世界の40カ国以上の領空に飛来させていると発表した。

日本政府も2月、過去に日本の領空内で確認された飛行物体の3件について中国の無人偵察用気球と推定されたと発表した。19年11月に鹿児島県、20年6月に宮城県、21年9月に青森県の上空などで発見された気球型飛行物体が該当した。

領空内での撃墜のポイント

	従来の解釈	新たな解釈
対象	外国の有人戦闘機	外国の無人の気球や航空機
武器使用の要件	正当防衛か緊急避難	地上の国民の生命・財産の保護
		航空路を飛行する航空機の安全確保

問題となったのが自衛隊の法的制約だ。政府はこれまで領空侵犯対応での武器使用を正当防衛と緊急避難の場合に限る運用をしてきた。主たる想定が戦闘機など有人機の飛来だったためだ。

運用を見直し、無人の気球などが領空侵犯してきた場合に武器使用を認める新たな基準を作成した。

地上にいる国民の生命・財産の保護や飛行する航空機の安全確保が目的であれば武器使用を可能とし、撃墜できるようにした。

気球の所属国・地域が不明であっても日本のものでないと認定すれば撃墜可能にする。気球だけでなく無人機（ドローン）にも同じ対応をとる。実際に武器を使うかは個別事例ごとに判断する。

法律の枠組みがととのっても課題は残る。米軍が撃墜した気球はおよそ地上6万フィート（1万8000メートル程度）を飛んでいたとされる。対象が小さく飛行速度が遅すぎるとレーダーで捕捉できない可能性がある。探知できても撃墜すべき対象かどうかを識別して認定する必要がある。緊急発進する自衛隊機が領空に入らないよう警告しても、大半は人が乗っていない偵察用の気球には通用しない。

自衛隊法では飛行物体が外国籍か確認するといった識別作業を武器使用の前提とする。防衛省は国土交通省の情報や気球の製造会社、パイロットによる目視といった情報を組み合わせて総合判断する方針だが、確実に識別できる保証はない。

撃墜すると判断しても技術が伴わなければ実行できない。米軍が2月4日の撃墜で使ったのは高高度での戦闘に適しているF22戦闘機だった。自衛隊は現在、保有していない。

自民党の会合では「高高度の気球などを撃ち落とす訓練も必要だ」といった声があがった。戦闘機の速度に比べて気球の飛行速度は遅く「遅い標的に正確に当てるのも難度が高い」との見方がある。

2　サイバーが変えた戦争のかたち

◆新たな戦争は「武力以外が8割」

２０２２年２月24日に始まったロシアによるウクライナ侵攻は、その40日ほど前に「開戦」していた。

ロシア軍が３波にわけて大規模なサイバー攻撃を仕掛けた。まず１月13〜14日。「最悪の事態を覚悟せよ」とウクライナの70の政府機関でサイトが書き換えられ、住民の心理を襲った。２月15日には国防省や民間銀行が標的になる。大量のデータを送りつけてサーバーを止める「ＤＤｏＳ（ディードス）攻撃」だった。銀行のシステムは一時停止し、預金の引き出しを求める住民に混乱が広がった。

第３波は侵攻前日の23日。政府機関や軍、金融や航空、防衛、通信など官民の３００ほどの重要インフラが狙われた。防衛の要である国防省のウェブサイトまで閲覧できなくなった。そして24日、ロシアは３方面にわかれて首都キーウ（キエフ）などに侵攻する。「衛星通信が機能しない」。ウクライナに衝撃が走った。欧州地域をカバーする衛星通信事業者「Viasat」が破壊型のサイバー攻撃にさらされ、通信不能に陥ったのだ。通信が完全に止まれば防衛はおろかゼレンスキー大統領からのメッセージも発信できなくなる――。世界は物理空間を中心とした従来の戦争とは様変わりした光景を目の当たりにした。

実際の侵攻が始まるとサイバー攻撃は一段と戦略性を増した。3月1日、キーウのテレビ塔へのミサイル攻撃と同時にテレビ局にはサイバー攻撃が仕掛けられ、情報が詐取された。

4日はヴィーンヌィツャ市の行政ネットワークがサイバー攻撃され、6日にヴィーンヌィツャの空港にミサイル攻撃が浴びせられた。国際法に反しザポリージャ原発を攻撃した10日後の14日、ロシア軍は原子力安全機関から機密情報を盗み出した。

連動するリアル×サイバー

「物理とサイバー攻撃を組み合わせて対象の機能低下や社会の混乱を起こそうとしている」。日本の防衛省はこう結論付けた。

ロシアには成功体験がある。14年のクリミア併合だ。侵攻前にウクライナへのサイバー攻撃で通信網を遮断し、官民の重要機関も軍の指揮系統も機能不全にした。ウクライナ軍は実際の侵攻時に対抗できず、短期間でクリミア半島の占拠を許した。

「非軍事的手段と軍事的手段の割合は4対1だ」。いまもロシア軍を指揮するゲラシモフ参謀総長はクリミア併合前の13年に予告した。現代戦はサイバーや外交、経済などの非軍事面が8割を占めるという意味だ。

14年の例を踏まえれば今回もすぐに首都キーウが陥落しかねなかった。国防費は10倍、陸軍兵力も倍以上とリアルの戦力も大差がある。にもかかわらず泥沼は1年を超える。

米欧の武器支援は大きいが、主に22年春以降だ。序盤にウクライナが持ちこたえたのはゲラシモフ論の「5分の4」に入るサイバーでウクライナや米国などが周到に用意をしたことが大きい。21年の後半から米国政府と企業が水面下で緊急支援措置に乗り出していた。

ロシアは14年以降もサイバー攻撃を続けていた。15、16年は電力インフラを攻撃し大規模停電を引き起こした。17年は強力なマルウエア「ＮｏｔＰｅｔｙａ（ノットペトヤ）」の攻撃がウクライナを通じて米欧にも被害を与えた。もともとウクライナの通信機器はロシア製が多く「バックドア」と呼ばれる侵入路があった。侵入路から米国に打撃が及ぶと、米政府や米マイクロソフトがウクライナの支援を始めた。

防衛策をとる過程でロシア製機器は排除し、米国の盾を獲得した。世界最先端ともいわれたロシアの攻撃に対処し続けた結果、防衛の経験と技術も向上した。今回の3波攻撃が致命傷にならず、ウクライナ軍も機能したのはそのためだ。

「発覚から3時間以内で対処した」。米マイクロソフトは22年2月末、今回のロシアによるサイバー攻撃について発表した。攻撃前からロシア内の動向を監視しなければ無理な対応といわれる。

同社はロシアが侵攻後に日本を含む40カ国以上のネットワークに侵入を試みた、と6月に公表した。「まず検出能力を養うことだ」と強調した。

日本は「例外」でいられない

日本も「新たな戦争」から逃れられそうにない。親ロシアのハッカー集団「キルネット」は22年9月、「日本国政府全体に宣戦布告」などと言及した動画を投稿した。ウクライナに加え、日米欧などウクライナを支援する国にもサイバー攻撃を仕掛けていると分析される。

実際に9月には日本政府の行政ポータルサイト「e－Gov」、東京地下鉄（東京メトロ）、JCBなどがDDoS攻撃を受けた。キルネットによる日本の政府機関への攻撃が明るみに出たのは初めてだった。

折しもロシアは極東で中国などと大規模軍事演習をしていた。仮想敵「東方」から土地を奪還するとのシナリオだった。まさにサイバーとリアルの連動攻撃が準備されていた。日本に備えはない。中曽根康弘世界平和研究所の大沢淳主任研究員は「日本政府は『ロシアの軍事演習の一環』と分析していなかった」と指摘する。「日本は攻撃者や背景を特定できない」とも話す。

平和憲法を堅持する日本はサイバーも「専守防衛」で攻撃を感知してから対処する。サイバー防衛を「国の責務」とも規定していない。世界的には異例だ。各国は海外からの通信を監視して攻撃者を特定し対抗措置をとる。「アクティブ・サイバー・ディフェンス（積極的サイバー防衛）」という。

東アジア最大の脅威である中国は世界最大のサイバー軍を持つ。防衛機密を扱う日本企業が、中国が関与しているサイバー攻撃グループの標的になった事例も判明している。

デニス・ブレア元米国家情報長官は「日米同盟の最大の弱点はサイバー防衛。日本の実力はマイナーリーグ、その中で最低の1Aだ」と提唱する。元海将の吉田正紀氏も「サイバーは日米で最も格差がある。日本も能力を急速に上げるべきだ」と語る。平和国家、日本は新たな危機のまっただ中にある。

キーパーソンに聞く

「サイバー安保基本法の制定、早急に」

大沢淳氏（中曽根康弘世界平和研究所主任研究員）

災害対策基本法と異なり、日本のサイバーセキュリティ基本法にはサイバー防衛に「国が責務を負う」と書かれていない。いまは電力など重要インフラがサイバー攻撃されても一義的な責任は企業にある。

米欧は2010年代半ばにサイバー防衛を国の責任と定め、攻撃者に働きかける「アクティブ・サイバー・ディフェンス（積極的サイバー防衛）」に転じた。攻撃者は身元が割れないように複数のサーバーを経由する。事前に把握しなければ攻撃者も分からない。

日本はまず憲法の「通信の秘密」は国民に限定される権利だと解釈を明確にすべきだ。電気通信事業法を改正し安全保障上の懸念事項がある外国との通信を監視可能にしてはどうか。

相手のサーバーを逆侵入で遡る権限も要る。不正アクセス禁止法や刑法も改め、まとめて「サイバー安全保障基本法」を制定し早期に体制を整える必要がある。サイバー空間は領空や領海のように明確な境界はなく「専守防衛」の概念は通じない。

米国は21年に石油パイプラインが攻撃されたとき攻撃者が使うサーバーを止め身代金も回収した。平時からサーバーなどの情報を監視していないとできない。

日本とは対照的だ。22年9月にロシア系組織から日本にサイバー攻撃があった際、政府は攻撃元を特定できずロシアの軍事演習の一環とも分析できていなかった。

◆なぜ「宇宙」が重要になるのか

「ロシア兵を見つけた。10人ほどが戦車と一緒に○○街道を○○に向かって進んでいる」。ウクライナ軍には国民からスマートフォンで通報が届く。

発信者のスマホの全地球測位システム（GPS）で緯度・経度のデータがつく。写真の添付も可能だ。位置情報とあわせて場所や方角を分析し、攻撃や退避の指示が部隊に出る。

軍事大国といわれたロシアが誇る戦車は携行型の対戦車ミサイル「ジャベリン」や民生用のドローン（無人機）で次々と破壊された。圧倒的なロシアの戦力を前にウクライナ軍が善戦したのは相手の位置情報を把握できたためだ。

ウクライナはもともと多くの国民が電子政府アプリ「Diia（ディーア）」を使っていた。ロシアの侵攻後に同アプリを戦時体制に切り替えて通報機能を新たに加えた。アプリは「占有者や装備を見つけたらすぐ書き込みを。攻撃の証拠を収集し、迅速に反撃します」と呼びかけた。

2022年2月下旬の侵攻から1カ月弱で、ロシア軍の将官級5人が相次いで殺されたのも通信が深くかかわる。米英のチームがロシア軍の通信を分析し、ウクライナ軍がピンポイント攻撃したとされる。

ロシアの黒海艦隊旗艦「モスクワ」の撃沈も衛星を活用した通信技術と密接な関係がある。攻撃に関与したとみられる無人機の操作は最新鋭の通信を使った。

こうした位置情報の伝達を可能にしたのが米起業家のイーロン・マスク氏が提供した「スペースX」の衛星通信網「スターリンク」だ。スターリンクの強みはその強靱さにある。政府関係者によると、ロシア軍はサイバー攻撃によってスターリンクのハッキングを繰り返しているという。衛星を物理的に攻撃するよりもサイバーで機能停止に追い込むほうが容易だからだ。

執拗な攻撃を受けてもスターリンクはシステムの更新により、復旧させることができる。マスク氏は世界の研究者らにスターリンクのシステムの脆弱性を発見すれば報奨金を出す仕組みを採用した。サイバー攻撃への対応は更新を繰り返し、耐久性が増し続けている。大規模な固定基地局ネットワークも不要で、インフラ攻撃にも強い。

Wi-Fiが使えない自衛隊

地上戦の戦況を左右する攻防が宇宙とサイバー空間で展開される——。世界が直面する現代戦の姿だ。

日本の体制はどうか。サイバーや宇宙の戦いに欠かせない自衛隊の通信インフラは追いついていない。各国軍のような専用の周波数帯の整備は途上にある。民間と同じ2・4GHz帯で通信すれば近くの民生機器と干渉する懸念がある。高周波数を使う電子戦向けの装備も使えない。

ウクライナの戦場では無人機の操作にWi-Fiを使う例もある。自衛隊では基地内の任務でWi-Fiは原則使えず、戦車などの装備品と隊員をつなぐのは通信規格4G、LTEが多い。5Gの整備は進んでおらず、海外製の無人機も標準に備わっている機能を落として使う。小型無人機には小型無人機等飛行禁止法の規制がある。自衛隊によると平時に訓練などをする場合も一定の制約を受ける。現代戦は高速・大容量で秘匿性や防衛力が高い通信が命綱だが、日本は対応していない。

22年12月に決めた国家安全保障戦略など安保関連3文書は、自衛隊の柔軟な電波利用を確保すると記した。実際の設備や機器がいつそろうかは見えない。

慶大の古谷知之教授は「いまの日本はウクライナの戦場で使われた技術は再現できない。制度を変えないといけない」と強調する。「宇宙、サイバー、電磁波は人工知能（AI）や無人機を使う現代戦で不可欠なインフラだ」と訴える。

キーパーソンに聞く

「最先端装備を使いこなせる環境づくりが急務」

古谷知之氏（慶大教授）

ウクライナはロシアによるクリミア併合の教訓から、軍民両用を前提としたＤＸ（デジタルトランスフォーメーション）を推進してきた。スマートフォンによる電子政府アプリの利用促進、サイバー技術者の育成、民生用無人機の軍事転用を実現した。

今回のウクライナ軍の戦い方が新しいと言えるのは先端技術を伝統的な軍事装備と組み合わせているからだ。ロシアによる侵攻直後にＩＴ（情報技術）軍を組織し世界中から人材を集めた。周到に準備を進めてきた結果だ。

いまの自衛隊ではウクライナ軍と同じような戦い方はできないだろう。技術や装備が十分でないことに加え、電波や通信に関する法規制の壁もある。

日本が「新領域」と言う宇宙・サイバー・電磁波は、人工知能（ＡＩ）や無人機を使う現代戦で不可欠なインフラだ。抗堪（こうたん）性と信頼性が高く、複数の端末が接続可能な通信網の構築が必要となる。

ウクライナ軍はＡＩや無人機を戦場で効果的に活用した。古い戦車を改修してタブレット端末につなぐＤＸも進めた。大容量で遅延しにくい通信手段を戦場で確保し、幅広い周波数帯の電波も軍が利用できる。

自衛隊の装備は民生品と同じ周波数帯を使う。海外製の無人機はあえて性能を劣化させて使っている。安保関連3文書の改定を機に、最先端装備を使いこなせる環境づくりが急務となる。

TOPICS 「攻撃型衛星」開発　中ロの狙いは

宇宙空間には国境の概念がなく、各国が開発を競っている。人工衛星を使ったミサイル探知や敵の施設の監視など活用法は幅広い。２０２２年版防衛白書は「宇宙を『戦闘領域』や『作戦領域』と位置づける動きが広がり、安全保障は喫緊の課題だ」と明記した。

軍事目的の人工衛星には複数の種類がある。遠距離の部隊や国家間で情報をやりとりするのが「通信衛星」だ。相手の部隊や施設を偵察する「画像収集衛星」や弾道ミサイルの発射を感知する「早期警戒衛星」、武器の精度向上に利用する「測位衛星」などがある。

白書は中国とロシアが衛星破壊実験や人工衛星に接近して攻撃する「キラー衛星」の開発に着手したと指摘。ロシアによる21年の衛星破壊実験などでスペースデブリ（宇宙ごみ）が急増し、宇宙空間の危険性が増しているとも提起した。

中国は独自の宇宙ステーションも建設している。23年に「天宮」の完成を宣言した。白書では中国の動きを「宇宙大国のひとつとなり、将来的に米国の優位を脅かす恐れがある」と強調した。

日本は自衛隊が宇宙領域の専門部隊を拡大する。20年度に「宇宙作戦隊」、21年度に上級

人工衛星の利用イメージ

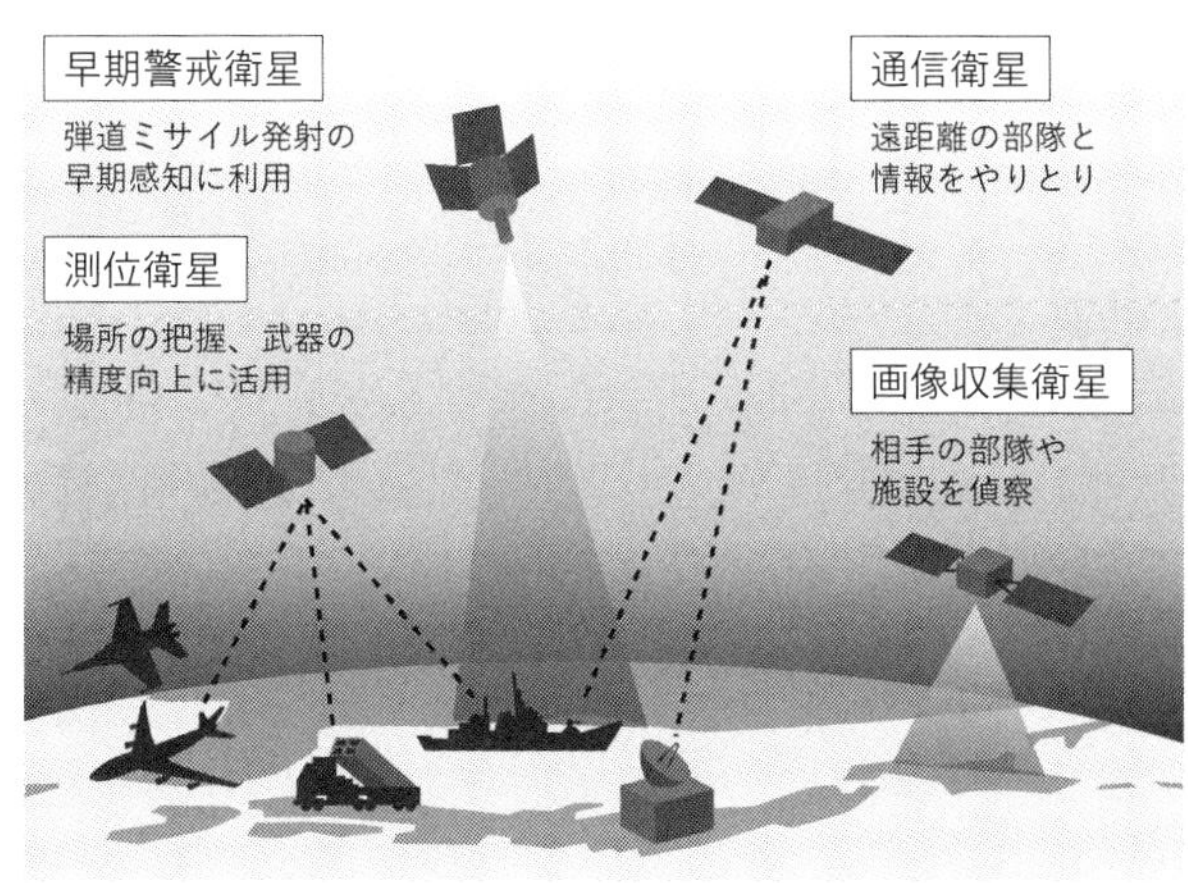

部隊の「宇宙作戦群」をそれぞれ新設した。

23年度以降に宇宙状況監視（ＳＳＡ）システムを自衛隊が運用する。衛星の脅威になる宇宙ごみなどの状況を把握できるようにする。米国と協力を深め、多数の小型衛星を連携させてデータ処理する「衛星コンステレーション」技術の確立を急ぎ、極超音速兵器の防衛にも生かす。

◆「IT軍」に民間30万人

「DDoS攻撃の方法」。世界的なプログラミング共有サイト「GitHub（ギットハブ）」にこんなページがある。「攻撃対象」をまとめたリストはロシア関連の銀行や武器の製造業者、ロシアのプロパガンダを流すユーチューブが並ぶ。

大量のデータを送り付けてサーバーの機能を低下させるDDoS攻撃を世界に呼び掛けたのはウクライナだ。

「IT（情報技術）人材は現代の英雄。端末をオンにして戦争に『ノー』と言おう」。フョードロフ副首相兼デジタル転換相が「IT軍」の結成を訴えると1カ月で30万人超が賛同した。GitHubには世界の開発者9400万人超が集まる。戦力獲得に最適だ。

キーウ州在住のサイバーエンジニアのAさんもその一人だ。ロシアの侵攻が始まると昼夜、ロシアへのハッキングを繰り返し、ウクライナ国防省にロシア軍の情報を提供した。「システムの構築能力があれば破壊もできる」と語る。

世界最先端のサイバー戦争を戦うには一国の力では不十分だ。ウクライナは米欧の人材と企業に頼る。政府の重要情報は米アマゾン・ウェブ・サービス（AWS）などと契約して事前にクラウドに移した。物理的な攻撃を受けてもシステムやデータを維持できる。

米国は政府と企業が参加する官民連携の組織でウクライナを支える。「ＪＣＤＣ（Joint Cyber Defence Collaborative）」と呼び、24時間動き続ける。

「新種の攻撃だ」。前方展開する米国部隊がウクライナへのサイバー攻撃を探知すると、ＪＣＤＣのメンバー企業にビジネスチャット「Ｓｌａｃｋ（スラック）」で共有する。企業や組織が対策をつくり、すぐ補強する。メンバー企業は常に最新の防衛策を獲得できる。

かつて米国のサイバー対策は「whole of government」（政府全体）と称されたが、いまは「whole of state」（国家全体）だ。民間も含む総動員という意味がある。

日本は「人材不毛地帯」

日本の体制は途上だ。「米国のセキュリティー・クリアランス（ＳＣ）制度がなく、民間に人材がいても重要な仕事を任せていない」。慶大の手塚悟教授は重要情報を扱う資格がないのが問題だと訴える。

機密を扱う人材を信頼できるのか。米国はＳＣを付与するためにドラッグやアルコールの依存症まで調べる。日本は民間人への調査に異論が出て、２０２３年にようやく検討に着手したばかりだ。韓国では尹錫悦（ユン・ソンニョル）大統領が兵役でサイバーに従事した人に事実上のSCを与える構想を表明した。除隊後も「サイバー予備軍」として協力する。

日本政府は高度な技術者に高給は出せない。国会法の規定で年２３００万円ほどを超える給与を払えない。民間との人材獲得競争で歯が立たない。

自衛隊のサイバー専門部隊は８９０人。同様の組織に中国は17万５０００人、北朝鮮は７０００人を配置する。政府は27年度までに４０００人にする計画だが質の高い人材をとれるのか。巨大ＩＴ企業もない日本は人材が質・量ともに不足する「不毛地帯」だ。

キーパーソンに聞く

「自衛隊は体力問わず採用を」 小泉進次郎氏（自民党）

ウクライナ侵攻でハイブリッド戦が当たり前の時代に突入した。戦前から海軍の街として安全保障を担ってきた神奈川・横須賀の空気にも変化が生まれている。市や経済界、防衛関係者が横須賀をサイバー防衛の拠点とするよう動き出している。

サイバーで急所となるのが人材育成だ。市内の陸上自衛隊高等工科学校は2021年度にサイバーコースを設けた。入校3年目から選択できるような仕組みだ。

気になることがある。卒業式などにいくと体力測定で表彰を受ける生徒を目にする。持久走や重いリュックを背負った山登りなど体力がなければ続けることはできない。

もちろん自衛隊の任務の遂行で体力は不可欠だが、ハイブリッド戦では従来とは異なる防衛人材も求められる。思い切って体力を不問とする枠を新設したらどうか。

従来の常識にとらわれず人材を育てる方向性を明確に示すべきだ。

ロシア依存を減らすうえでエネルギーや食料を含めたサプライチェーン（供給網）を再構築することも安全保障の一環だ。侵攻を機にカーボンニュートラルの手を抜くのは間違いで、むしろ加速させるべきだ。

日本の歴史的な命題は石油などの資源制約からの解放だ。再生可能エネルギーの加速は安全保障だという認識をより強めなければいけない。

ドイツなど欧州各国はエネルギーの脱ロシアにかじを切った。日本もエネルギー基本計画の実現に向け強度、速度を上げるべきだ。

◆もはや「開戦前夜」台湾総統選へ猶予なし

２０２２年11月26日、台湾で統一地方選が投開票された。24年1月に次期総統選を控えて中国との関係を問う前哨戦だった。

「民進党を倒し、台湾の人を救え」「全住民は陳時中だけでなく民進党全体を嫌っている」。選挙期間中にＳＮＳ（交流サイト）ではこんな投稿が相次いだ。中国と距離を置く民主進歩党（民進党）や台北市長選に立候補した陳氏への誹謗(ひぼう)中傷だ。

民進党は台北市長選も含めて軒並み敗れ、蔡英文（ツァイ・インウェン）総統は党トップの座を降りた。総統選まで1年余りの大事な時期につまずいた。

批判の投稿の発信源の一つは中国の関与がささやかれるアカウントだ。台湾の呉釗燮・外交部長（外相）は中国の偽情報やサイバー攻撃について「台湾の民主主義を弱小化させ、混乱をつくり出す狙いがある。総統選に向けて激しくなる」と分析する。

報道機関も狙われた。台湾のサイバーセキュリティー大手・ＴｅａｍＴ５の最高技術責任者（ＣＴＯ）、李庭閣氏は「統一地方選までの半年間、大手メディアに中国のサイバー攻撃が続いた」と語る。

サーバーへの不正侵入や記者を狙うウイルスが確認され、取材情報や社員のデータが盗まれたという。

中国は台湾統一という目標を掲げる。一連の行為は単なる機密の取得や一時的な打撃が目的ではない。政治的な意図がある工作とみなす声が多い。

22年8月にはペロシ米下院議長の台湾訪問直後、中国軍が台湾周辺にミサイルを撃ち込む演習をした。このときSNSなどでは「中国の演習を見て、蔡総統は台湾を脱出した」「蔡総統はペロシ氏にカネを渡した」と偽情報が拡散した。

台湾狙った分断・不信・不安

ロシアがウクライナ侵攻で実施したように、いまリアルの軍事作戦とサイバー戦は不可分だ。演習と同時期に偽情報が流布した事実は重い。台湾に分断や不信、不安を植え付ける「認知戦」とみられる。

現在のロシアへの批判をみれば、中国も軽々に軍事侵攻はできない。非軍事的に統一が近づく手があれば利用する。総統選で民進党政権が倒れ、親中政権ができるようサイバー攻撃や偽情報が有力な手段になる。

台湾も身構える。唐鳳（オードリー・タン）氏が指揮するデジタル発展部は、23年2月にサイバーセキュリティーの専門部署を設立した。民間からも含め180人ほどの専門人材のチームだ。

米国も台湾をめぐるサイバー戦へ備える。台湾に5年間で最大100億ドル（1兆3000億円）を支援する法律を成立させた。中国による台湾総統選への介入を防ぐサイバー防衛協力を進め「臨戦態勢」に入る。

日本は国家安全保障戦略など安保関連3文書を改定した。サイバー防衛の強化も打ち出したが、政府の司令塔や能動的サイバー防御が実現するのは24年以降になる。具体的な中身はこれからだ。既に台湾はサイバー戦の開戦前夜にある。日本に猶予はない。

キーパーソンに聞く

「身動きとれぬニッポン」

佐藤雅俊氏（ラック・ナショナルセキュリティ研究所長）

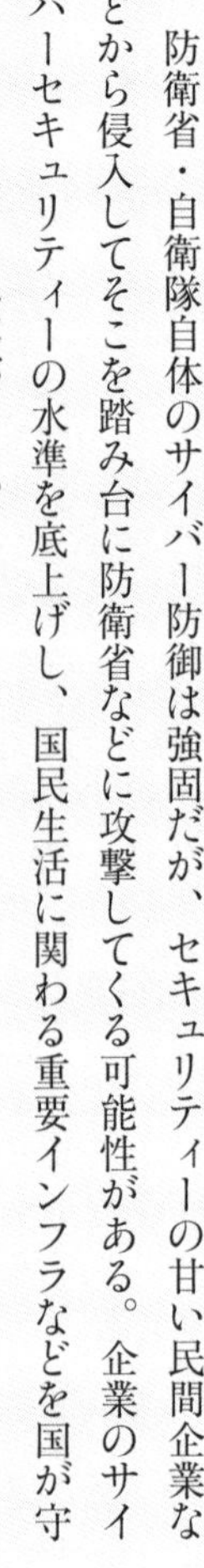

自衛隊の初代サイバー防衛隊長を務めた経験から、日本は法律上の規制のため海外からのサイバー攻撃にほとんど身動きがとれないと痛感している。不正アクセス禁止法など様々な規制に関し、除外規定をつくるなど平時の対応力を高めないといけない。

これまでサイバー防衛について自衛隊が外国の部隊などと議論する際、防護のことしか語れず話がかみ合わないことがよくあった。各国は相手への具体的な攻撃手法に言及する。日本は法律面で攻撃には厳しい制約があると言っていると次第に相手にされなくなる。

防衛省・自衛隊自体のサイバー防御は強固だが、セキュリティーの甘い民間企業などから侵入してそこを踏み台に防衛省などに攻撃してくる可能性がある。企業のサイバーセキュリティーの水準を底上げし、国民生活に関わる重要インフラなどを国が守れるようにする必要がある。

政府が導入を決めた「能動的サイバー防御」の課題は日本に攻撃を含む能動的な活動に関する経験が圧倒的に不足していることだ。実戦を通じたノウハウの蓄積が重要となる。

日本は府省庁間の縦割りの弊害も大きい。電力は経済産業省、通信は総務省、空港は国土交通省と所管が分かれる。

ウクライナ危機のような有事に縦割りでは円滑に情報共有できずうまく対応できない。情報が一元的に集まる仕組みの整備が急務といえる。

TOPICS サイバー部隊、北朝鮮は日本の10倍

2022年版防衛白書による各国のサイバー領域の戦力の分析によると、中国は17万5000人規模の「サイバー戦部隊」を有し、3万人規模の攻撃部隊を含む。北朝鮮も日本のサイバー部隊の10倍超にあたる6800人を抱え、通貨獲得の手段としている。

各国の脅威を紹介する項目で、中国、北朝鮮、ロシアの順に名指しした。中国国家安全部の関係者がワクチン開発にかかわる民間企業を攻撃したなどと記した。

北朝鮮は金融機関や暗号資産（仮想通貨）取引所への攻撃により、19年から20年11月までに計3億1640万ドル相当を窃取したとの国連の分析を紹介した。

自衛隊は22年3月に「サイバー防衛隊」を新編した。540人体制で陸海空の部隊運用を一元管理する情報通信ネットワークを防衛する。

サイバー防衛隊は重要インフラなど民間施設の防護はできない。平時の反撃には法制上の制約がある。白書は「有事において相手のサイバー空間の利用を妨げる能力の抜本的強化を図る」との方針を示した。米軍の対日防衛義務を定めた日米安全保障条約5条はサイバー空間も適用対象に含む。自衛隊と米軍の協力組織を立ち上げ、情報共有などに取り組む。

3 台湾有事のリアリティー

◆机上演習「26年、中国が攻撃仕掛ける」

台湾有事となれば現状の戦力でどのような結果がでるか。日米の民間シンクタンクは2022年から23年1月にかけて26年に中国が台湾に武力攻撃を仕掛けるという条件下で机上演習を実施した。中国は制圧に失敗したものの、自衛隊や米軍にも甚大な被害が出た。米有利だった戦力差が縮まっている状況を浮き彫りにした。

笹川平和財団は1月18〜21日、都内のホテルでマサチューセッツ工科大学の研究者らを招き「台湾海峡危機に関する机上演習」をした。元自衛官や日米の学者ら30人程度が参加し日本・米国・台湾・中国の4陣営に分かれて戦闘の行方を占った。日本経済新聞は演習に密着取材した。

机上演習は中国軍が台湾に近い「人民解放軍東部戦区」の司令部を軸に「台湾戦区司令部」を設立するところから始まった。米軍の介入に備え、中国軍が持つ航空戦力、潜水艦、

笹川平和財団が開いた台湾有事を想定した机上演習（1月、都内）

（笹川平和財団提供）

水上艦艇を投入できる体制を敷いた。

選んだ上陸拠点は台湾北西部の桃園地区周辺だった。まず中国海兵隊が特殊部隊を輸送して港湾施設の奪取を企てた。厳戒態勢にあったため港湾占拠には失敗するものの、続いて港と航空基地へ火力で攻撃し攻め込む計画に移る。

日米はどう対処するか。シナリオ上は日本の時の首相は中国が台湾に攻撃して間もなく「国家非常事態」を宣言する。米国の要請に基づき、米軍が日本国内の基地から戦闘行為に出ることに同意した。自衛隊基地も米軍の拠点として使えるよう供与し、沖縄県や九州など5つの民間空港の軍事利用も認めた。

米軍は戦闘機を台湾に派遣してまず制空権

の確保を狙った。海上では台湾沖にいる中国軍の水陸両用艦隊に向けて海上発射型の巡航ミサイル「トマホーク」を撃った。米軍の航空機は日本の基地に分散配置し、出動に備えた。

[民間空港を軍事利用]

戦闘開始から数日後――。米国の参戦を踏まえ、中国軍は台湾周辺に限っていた作戦範囲を広げる。台湾東方に空母群や原子力潜水艦を送り込んだ。

中国は当初、米軍が使用している自衛隊の基地には攻撃していなかったものの、このままでは米軍の航空戦力に対抗できないと判断して攻撃対象に定めた。

まずサイバー攻撃で航空基地を機能不全に陥れ、爆撃機で南西方面の自衛隊のミサイル防衛艦隊を排除した。基地には弾道ミサイル攻撃を仕掛ける計画を練った。

日本は米国と協議して台湾有事を「存立危機事態」と認定する。日本が直接攻撃されていなくても集団的自衛権の行使が可能になった。

海上自衛隊は九州沖から沖縄、台湾、フィリピンを結ぶ「第1列島線」周辺で対潜水艦戦に着手した。先に活動していた米国の支援として共同攻撃を担うことになった。航空自衛隊は制空権確保に協力するための警備にあたった。空自と米空軍のために7つの民間空港の開放も決めた。

［米国サイバー攻撃で中国基地無力化］

在日米軍と自衛隊の航空基地への中国軍のミサイル攻撃は数日間にわたり、地上にある日米の航空機は多くが損失した。日本はイージス艦2隻がミサイル攻撃に遭った。中国は1週間で陸上攻撃型の弾道ミサイルの在庫を使い果たす。

戦闘開始から1週間。中国軍は膠着した戦況を打開しようと台湾東部の海岸に軍隊を上陸させて主導権の回復を狙った。沖縄や九州の基地に巡航ミサイル攻撃も繰り返し日米の戦力をそごうと動いた。

米国の最大の関心事は台湾に上陸した水陸部隊の排除だ。台湾当局と協議したうえで爆撃機を使い、台湾に上陸している中国部隊にミサイル攻撃を仕掛けることを決める。

米国のサイバー部隊は中国の港湾や鉄道を攻撃し、軍事物資の供給を滞らせる作戦に出る。この攻撃によって中国は6400人の犠牲者を出し、主導権の奪取に失敗する。

自衛隊は台湾からおよそ110キロメートルの地点にある沖縄県・与那国島の対艦ミサイル部隊を使い、射程の長いミサイルで中国の水陸両用艦隊を攻撃することを米国から要請さ

台湾有事の被害想定
笹川平和財団が開催した机上演習

	死傷者	艦船（隻）	航空機
自衛隊	2,500人	15	144 戦闘機のみ
米軍	1万700人	19	400
台湾軍	1万3,000人 （捕虜含む）	18	200
中国軍	4万人以上	156	252

れた。

米軍には中国軍の爆撃機の離陸を阻止するために中国本土を攻撃する選択肢があったが、本土攻撃は米本土も攻撃対象になりうると判断して見送った。米国はサイバー攻撃で中国の爆撃機基地を無力化する選択をした。

米国のサイバー攻撃が効果を発揮し、日本にある基地へのミサイル攻撃が中断された。ここから中国軍は一気に劣勢に回る。

台湾上空での戦いで中国軍機12機が撃墜され、米軍と台湾軍の戦闘機が制空権を獲得した。さらに支援機や輸送機も撃破され、軍事物資も輸送しにくい窮地に陥った。弾薬や燃料がなければ戦闘は続けられない。

米軍は海上で中国の艦船を次々と破壊する。ここで勝敗は決した。戦闘はおよそ2週間あまりで収束した。

自衛隊死傷者「2500人」

台湾の武力統一は免れたものの、自衛隊、米軍、台湾軍ともに被害が出た。自衛隊は護衛艦など艦船15隻、F2やF35など戦闘機など144機を失った。日本の基地も攻撃対象となり隊員2500人が死傷した。民間人の死傷者も数百から1000人以上と推定した。

中国は空母2隻を含む156隻の艦船、戦闘機168機、大型輸送機48機などを失う。人的被害は4万人に上ると見積もった。

笹川平和財団の渡部恒雄上席研究員は「机上演習は中国との軍事衝突を前提としたシナリオにしており、それが避けられないというものではない。米国人が作成しているため日中台の現状が正確に反映されていない部分もある。大規模な損害が起こると想定し、あらゆる準備をしなければいけない」と話す。

「演習では中国は米国との戦争を極力避けようとした。物理的な軍事衝突なしに台湾を統一しようとする可能性もある」とも指摘した。

米戦略国際問題研究所(CSIS)も台湾防衛の机上演習を公表した。米軍の元幹部や軍事専門家が26年に中国軍が台湾に侵攻したと仮定して実施した。

米軍や日本の関与度合いなどに合わせて24通りのシナリオを用意。ほとんどの場合で中国の台湾侵攻が「失敗する」と結論づけた一方、日米も深刻な被害を受けた。台湾が中国に強く抵抗し、米軍が即座に参戦するなどの条件を設けた。中国軍は台湾の大都市を制圧できず、物資補給が10日間で途絶えた。

2つの机上演習では核兵器をのぞく通常兵器の戦力差の接近が目立った。ウクライナ侵攻で米国は武力介入をすれば「第3次世界大戦になる」などとして参戦を避けた。

中国は現在、核戦力についても拡大を進め、米中の差も縮まるとみられている。中国は米ロの中距離核戦力（ＩＮＦ）全廃条約の対象とならず、開発を進めてきた。さらに中国は核弾頭を27年までに現在の倍にあたる最大７００発まで増やすと推測される。

戦力差の接近は台湾有事の時期にも影響をあたえる。米国内では国防総省などが当初予測した27年より台湾有事が早まる可能性が指摘され始めた。

ブリンケン米国務長官は中国の習近平（シー・ジンピン）国家主席が共産党総書記として3期目入りした直後の22年10月、「中国はずっと早い時期の統一を追求する決断をした」との見解を示した。米軍幹部は25年にも起こりえると警鐘を鳴らしている。

TOPICS 中距離ミサイルに戦力差 中国保有は278基

2022年版防衛白書によると中距離弾道ミサイル（IRBM）と準中距離弾道ミサイル（MRBM）を中国は278基持つ。米国は保有しておらず台湾有事のリスク要因となる。

核弾頭の保有数はロシアが4495発と世界で最も多く、米国3800発、中国350発、フランス290発、英国180～225発と続く。中国は27年までに最大700発に増やすとみられているものの、米国が優位を維持している。

核弾頭を標的まで運搬する手段として使うのが弾道ミサイルだ。射程5500キロ以上の大陸間弾道ミサイル（ICBM）は米国（400基）・ロシア（339基）が中国（106基）を上回る。

射程3000～5500キロメートルのIRBMと1000～3000キロメートルのMRBMに限ると米中の戦力が逆転する。中国は米ロの中距離核戦力（INF）全廃条約の対象とならず、開発を進めてきた。同ミサイルは日本の多くを射程に収める。米本土には届かないが、グアムに達する可能性はある。

米国とロシアはINF全廃条約が19年に失効した後も新戦略兵器削減条約（新

米中の核弾頭保有数と運搬手段

米国		中国
3,800発	核弾頭	350発
400基	大陸間弾道ミサイル（ICBM）	106基
ー	中距離・準中距離弾道ミサイル	278基
280基	潜水艦発射弾道ミサイル（SLBM）	72基
14隻	弾道ミサイル搭載原子力潜水艦	6隻
66機	航空機	104機

（出所）2022年版防衛白書

START）を5年間延長した。戦略核弾頭やICBMの配備数などを制限するが、ロシアは23年2月に履行停止を決めた。

防衛白書は北朝鮮の核兵器開発に関しても「相当に進んでいるものと考えられる」と明記した。ストックホルム国際平和研究所（SIPRI）の統計を引用し、40〜50発の核弾頭を保有していると指摘した。

核兵器を弾道ミサイルに搭載するための小型化の技術を「実現に至っているとみられる」と分析した。

TOPICS

米国の東アジア戦力　量は中国優位

２０２２年版防衛白書はバイデン米政権が中国を米国の安全保障、民主的価値観に挑戦する「最も深刻な競争相手」と位置付けていると紹介した。

米国は海上兵力、航空兵力で世界最大だ。海軍力を示す艦艇の総重量は７２６万トン、戦闘機や爆撃機などを含む「作戦機」を３５００機保有する。世界2位の中国は戦力を増強し、それぞれ２２４万トン、３０３０機で米国に迫る。

東アジア地域に限れば量の面では中国が優位に立つ。西太平洋・インド洋を担当する米第7艦隊の艦艇の総重量は40万トンで、日本の51万トンと合計しても中国の４割ほどの水準だ。台湾（20万トン）と韓国（28万トン）を加えても中国に届かない。

作戦機の数も中国の３０３０機は在日米軍（１５０機）と日本（３６０機）を上回る。

現時点では量で劣っていても質の面では米国の方が優勢といわれる。核戦力は米国が核弾頭を３８００発保有し、中国のおよそ３５０発を上回る。核の運搬などにも使用可能な大陸間弾道ミサイル（ＩＣＢＭ）も米国は４００発で中国の１０６発より多い。

30年までの時間軸でみると、中国は核弾頭を１０００発に増やすとの指摘がある。35年ま

日本周辺における各国の兵力の状況

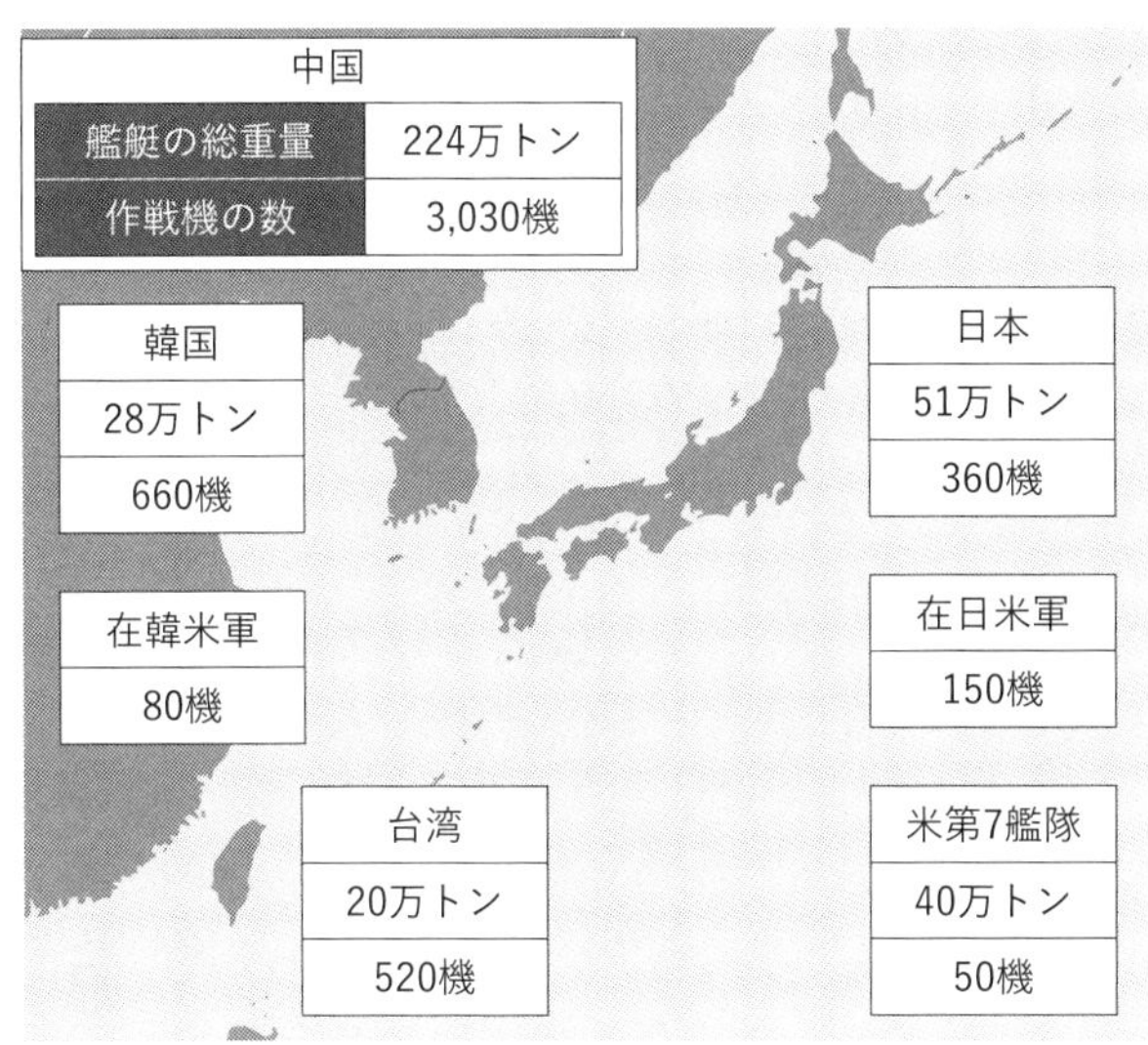

でに1500発に達するとの見方もある。21年にインド太平洋軍司令官のデービッドソン氏（当時）は「中国の台湾に対する野心が今後6年以内に明らかになる」と証言した。

米海軍などが20年12月にまとめた戦略は「中国とロシアの積極的な海軍の増強と近代化は米国の軍事的優位性を失わせつつある」と警鐘を鳴らした。30年までに東アジアなどで海上の優位を失う危険性がある。

TOPICS

ロシア、オホーツク海に原子力潜水艦

２０２２年版の防衛白書は極東のロシア軍の戦力について「依然として核戦力を含む相当規模の戦力が存在する」と分析した。ロシア軍は極東地域に兵力８万人、艦艇２６０隻、作戦機３２０機を展開する。ウクライナ侵攻後、日本への深刻な脅威となった。

極東地域に最新装備の配備が進んだと指摘した。21年11月に巡航ミサイル「カリブル」を搭載する新型のフリゲート艦を太平洋艦隊の拠点のウラジオストクに配置した。

太平洋艦隊は原子力潜水艦13隻ほどを保有する。オホーツク海を中心とする海域に弾道ミサイル搭載原子力潜水艦（ＳＳＢＮ）３隻が配備されていると紹介した。

同潜水艦は相手に見つからない間に核ミサイルを発射することが可能だ。米国への核抑止力の要となっている。太平洋艦隊にボレイ級ＳＳＢＮを計５隻配備する計画も指摘した。

22年1月末から3月中旬にオホーツク海などで20隻以上の艦艇が参加する大規模海上演習を実施した。同演習期間中には延べ49隻が宗谷海峡と津軽海峡を通航した。21年8月にロシア軍が初めて中国国内での軍事演習に参加した。同年10月には中ロ艦艇が初めて共同で航行し10隻が日本を周回した。

極東のロシア軍の戦力と動向

ロシアの極東の戦力	
兵力	8万人
艦艇	260隻
作戦機	320機

19年以降、中ロは日本海、東シナ海、太平洋上空で爆撃機の共同飛行も実施した。21年11月はロシア機が中国領空を、中国機がロシア領空をそれぞれ初めて通過して日本海に進出した。

白書は中ロの軍事協力を「東アジアの安全保障環境にとどまらない様々な方面に影響を及ぼす」と強調した。

◆尖閣周辺、海保の2倍の中国船

政府が沖縄県・尖閣諸島を国有化して2022年9月で10年になった。当時は均衡を保っていた周辺海域の中国艦船とのバランスが崩れた。今では中国海警局船は海上保安庁のおよそ2倍に上る。有事には至らないグレーゾーンが常態になっても国内の法整備は進まない。22年は中国公船による尖閣周辺の領海への連続侵入が相次ぎ過去最長を更新した。12月22日に72時間超の記録をつくった。7月4日には中国海軍の艦艇も4年ぶりに尖閣周辺の接続水域に入り、日本政府が抗議した。

12年の国有化当時は尖閣周辺での状況が違った。海保は大型船51隻を保有し、中国側の40隻より多かった。海保の船が盾となり実効支配を狙う中国船を寄せ付けないようにはできた。中国は国有化を機に「サラミ戦略」を実行に移した。艦船の数や侵入時間を徐々に増やしていく手法だ。

尖閣沿岸から24カイリ（44キロメートル程度）までの接続水域内で、海警局の船などを確認した日数は12年で91日。21年は332日、22年は336日にまで増加した。荒天でなければほぼ毎日のように姿を現す状況といえる。

隻数は逆転し21年で海警局の大型船は132隻と海保と2倍近い差がついた。数が膨らんだだけではない。「保有船舶の中には世界最大級の（満載排水量）1万トン級の巡視船が2隻含まれる」。22年版の防衛白書は海警局の進化に言及する。

日本はこの間、必要な手を尽くしたとはいえない。海警局は表向き軍ではないと主張する。日本の法律に従えば、日本側の警備は一義的に海保や警察が担う。

自衛隊が海上警備行動の発令に基づき出動できるものの、その場合も海保と同様に警察に準拠した限定的な武器使用しかできない。

防衛研究所の飯田将史室長は「海警局の実態は軍だ。海軍などと連携し多様なオペレーションが可能になっている。日本は自衛隊を含めた対応につながると中国側に見せなければ、抑止力は働かない」と話す。

自衛隊と海保・警察の間には現状、明確な切れ目がある。飯田氏は「自衛隊や海保が共通の計画をつくり、事前に訓練などで準備することが重要だ」と説く。

深刻なのは中国が狙う台湾の統一が尖閣などにもたらす影響だ。

米国は尖閣を対日防衛義務に含める立場で中国が尖閣のみを狙うとの見立ては少ないものの、台湾有事に日本の南西諸島が巻き込まれる恐れがある。

尖閣諸島周辺海域での変化

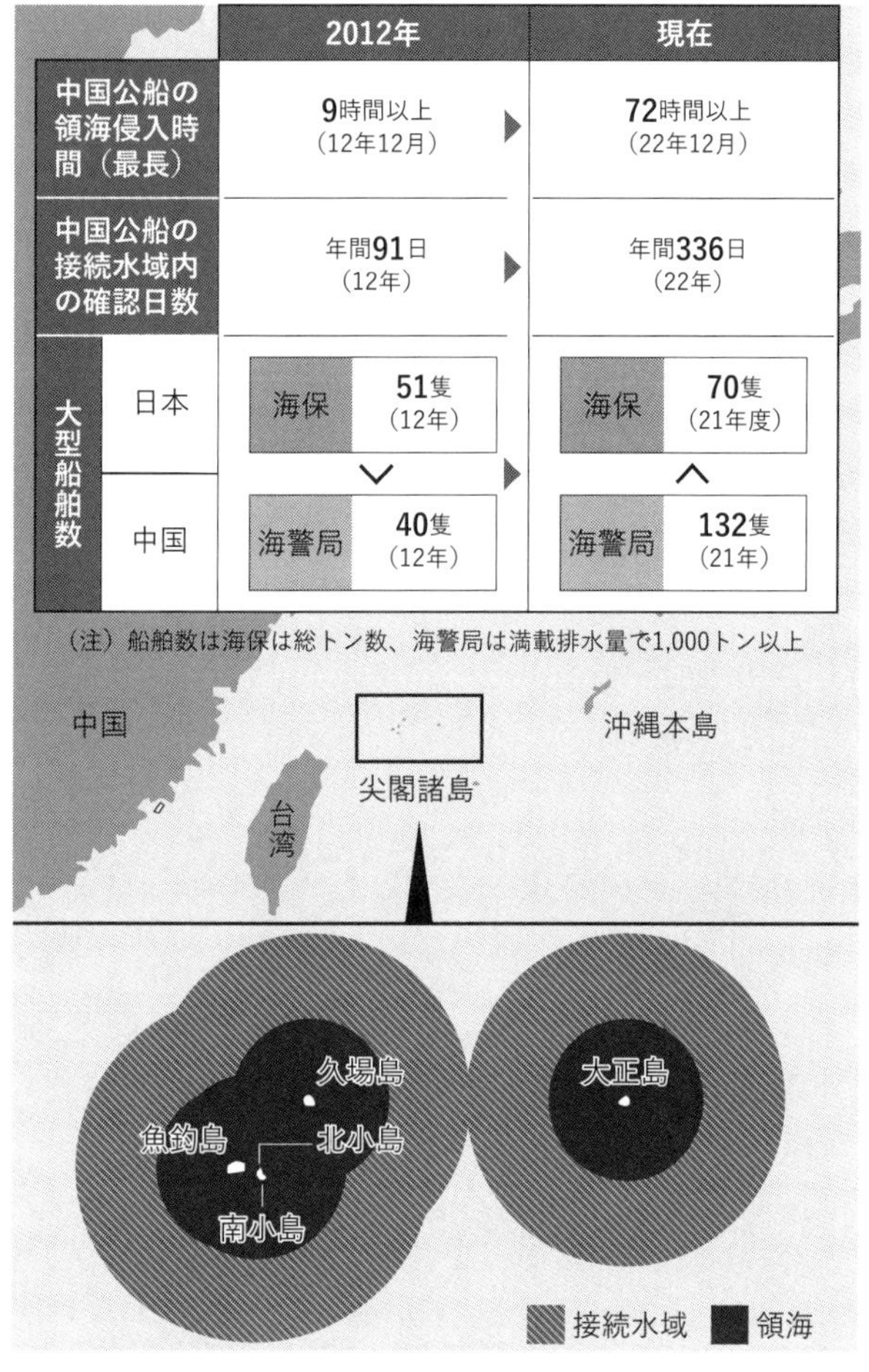

		2012年		現在
中国公船の領海侵入時間（最長）		9時間以上（12年12月）	▶	72時間以上（22年12月）
中国公船の接続水域内の確認日数		年間91日（12年）	▶	年間336日（22年）
大型船舶数	日本	海保 51隻（12年）		海保 70隻（21年度）
		∨	▶	∧
	中国	海警局 40隻（12年）		海警局 132隻（21年）

（注）船舶数は海保は総トン数、海警局は満載排水量で1,000トン以上

「台湾でドンパチが始まるということになったら沖縄県の与那国島や（鹿児島県の）与論島は戦闘区域外と言い切れない」。自民党の麻生太郎副総裁は警鐘を鳴らす。

中国はペロシ米下院議長の台湾訪問を機に、台湾でも「新常態」と呼べる状況をつくり出した。訪台後1か月で、中台の停戦ラインの役目を果たした「中間線」を延べ310機の中国軍機が越えた。

台湾有事となった際、米国に尖閣の防衛にあたる余裕があるか。日本は単独で対処できるのか。尖閣と台湾が連動する複合危機のリスクは確実に高まっている。

◆権力固めと「現状変更」

沖縄県・尖閣諸島の国有化後の10年間は２０１２年11月に発足した中国の習近平（シー・ジンピン）指導部の10年とほぼ重なる。

日本の「終戦の日」の22年8月15日、中国共産党の機関紙の「人民日報」が重要コラム「鐘声」で日中関係を取り上げた。日本の政治家が「釣魚島（尖閣諸島）を巡り絶えず問題を起こしている」と非難した。

北京に近い河北省の避暑地で「北戴河会議」が開かれていたとされる時期にあたる。秋の党大会を前に党幹部や長老が集まり、党の重要政策や人事を話し合う場だ。

党関係者は「『人民日報』のコラムは習氏が党大会で3期目入りを固めた後も釣魚島で日本に譲歩しない姿勢を示唆している」と指摘する。

習氏は尖閣を巡り胡錦濤（フー・ジンタオ）前総書記時代の反省を念頭に置いてきたとされる。胡氏は在任中に米国や日本への「弱腰」との批判がつきまとった。日本政府の尖閣国有化でそれは頂点に達した。

習氏は政治局常務委員の一員として胡政権を内部からみてきた。国家副主席として12年9

月に米国のパネッタ国防長官（当時）と会談。尖閣国有化を「茶番劇だ」と切り捨てた。

総書記に就くと強硬策を打ち出す。就任翌年の13年に国家海洋局に公安省の一部局などを統合して海警局を新設した。18年には治安維持を担当する人民武装警察部隊（武警）の傘下に置き、軍の最高意思決定機関の中央軍事委員会の指導が行き届く体制に改めた。21年には海警法を施行し、主権を侵害したと判断した外国船への武器使用も認めた。中国は日清戦争の敗北に伴う台湾の割譲とともに尖閣が奪われたと主張する。歴史問題に絡めた強気の姿勢は国内の支持を集めやすい。

「習近平氏は自ら戦略と戦術の配置を行い、さらに自らも参与した」。中国国営の新華社は21年11月、海警局の尖閣周辺海域の活動に関し、習氏の直接的な関与に言及した。

台湾を巡る緊張が高まる状況で新たな動きが出た。中国人民解放軍の無人機2機が22年8月4日に沖縄本島と宮古島の間の上空を東シナ海から太平洋に向けて飛んだのだ。中国軍が台湾周辺に設定した軍事演習海域に向かった後に旋回して再び同じ場所を通過した。

軍事演習で弾道ミサイルを撃ち込み、日本に最も近い落下地点は最西端の与那国島からおよそ80キロメートルの地点に迫った。

◆北朝鮮弾道ミサイルの複合リスク

北朝鮮がミサイル技術を高め、迎撃が難しくなってきた。2019～22年に発射した弾道弾を分析すると、迎撃が難しい変則軌道が少なくとも3割強、兆候を読みにくい固体燃料が6割強を占めた。16～17年から一変した。核搭載できる様々な飛距離の新型を開発し、日米韓の隙を突く。

「核は絶対的な力であり、朝鮮人民の大きな誇りだ」。金正恩（キム・ジョンウン）総書記は22年9月8日の演説でこう述べ、核・ミサイル開発への決意を強調した。最高人民会議は同日、核兵器の使用条件などを定めた法令を採択した。

北朝鮮は22年だけで韓国が探知した分もあわせて69発の弾道ミサイルを発射した。最多だった19年の年間25発を上回る水準だ。韓国政府系の研究機関は、北朝鮮は22年前半の発射だけで最大870億円を費やしたと分析する。北朝鮮の推定国内総生産（GDP）の2％に相当する。

制裁で厳しい経済状況の北朝鮮が開発を急ぐのはなぜか。発射するミサイルの変化を追うと狙いが浮かぶ。

防衛省や韓国軍の発表をもとに分類し、16〜17年の40発と19年以降の108発を比べた。

変化が顕著なのが燃料だ。17年までは液体燃料型が大多数を占めていたのが直近は固体燃料型が主軸になった。「スカッド」や「ノドン」といった旧型に代わり、ロシアや米国が開発し配備するミサイルと類似した「KN23」や「KN24」が登場した。

固体燃料は発射前の数日以内に注入する必要がある液体燃料と比べ、情報収集衛星などで発射の兆候を探知しにくい。一度充填すると保存できない液体燃料と異なり燃料付きで保管できる強みもある。

日米韓に察知されずに奇襲しやすくなる。北朝鮮はトンネルに隠した鉄道貨車から撃つといった手法も試みた。

弾道を巡る技術開発も進む。17年までは放物線状の通常軌道ばかりだった。19年以降は3分の1超が途中で向きを変える変則軌道の発射だと分析された。左右方向に向きを変える例も出てきた。

日米韓の軍事拠点への打撃力確保を意図する。韓国軍が射程110キロメートルとみる新型弾は軍事境界線付近から韓国のソウルや米韓軍が基地を置く平沢（京畿道）に届く可能性がある。KN23は佐世保（長崎県）や岩国（山口県）の在日米軍基地を圏内におさめる。

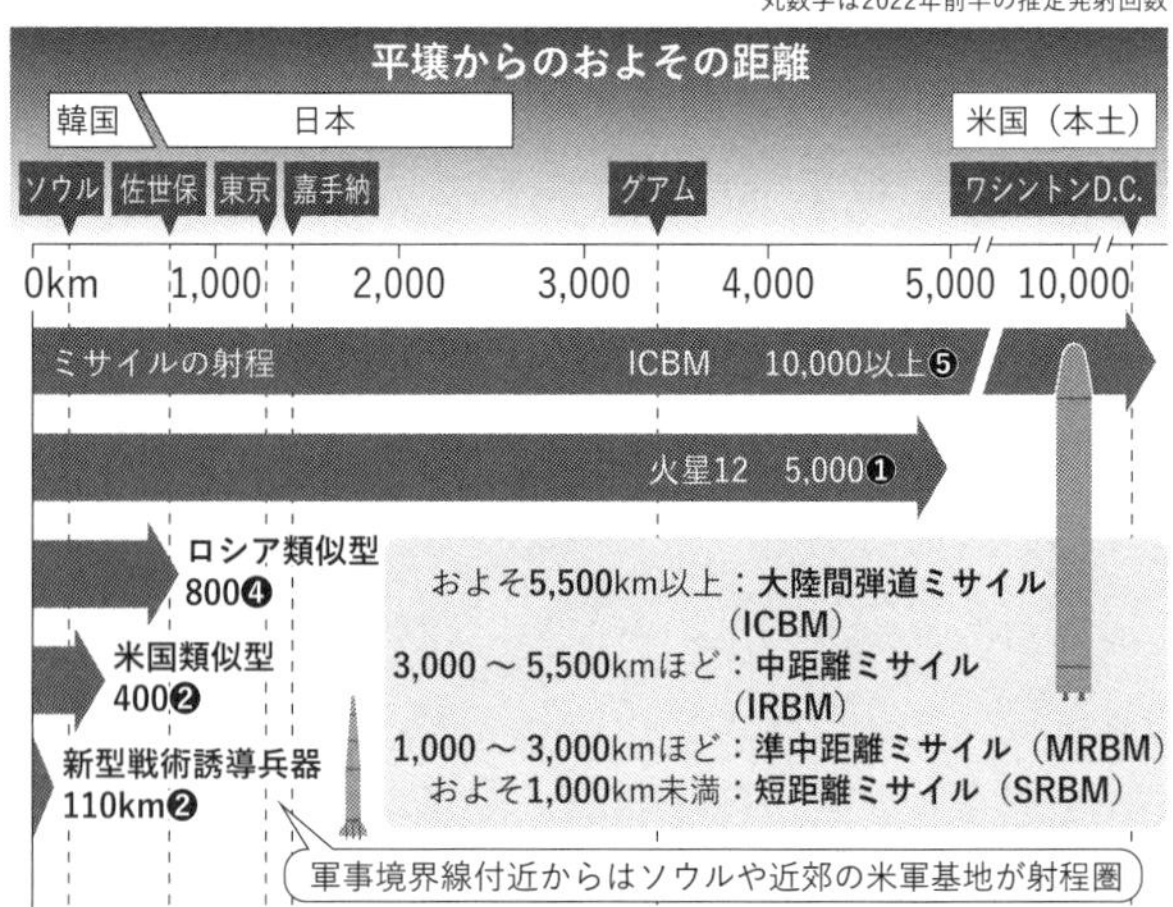

北朝鮮は開発の動きを止めない。金正恩氏は21年の朝鮮労働党大会で、5年間の方向性として「固体推進の大陸間弾道ミサイル（ICBM）」と「戦術核」などを示した。

ICBMは米本土などを狙う長距離ミサイルだ。これまで北朝鮮のICBMは新型の「火星17」を含め液体燃料だった。固体燃料型を配備すれば素早く核ミサイルを撃てるため米国への脅威が高まる。

もう一方の戦術核は開発が進む短距離弾への核弾頭の搭載を意味する。弾頭の小型化には高度な技術が必要になる。北朝鮮は過去の核実験で技術を高めてきたとされる。

北朝鮮は核・ミサイルの技術を高めて優位に立とうとする。核を持たない韓国や日本を戦術核で威嚇し、米軍に介入を躊躇させる効果を期待しているとみられる。

日米韓の対応は遅れている。日本は国家安全保障戦略の改定で敵の軍事拠点への「反撃能力」の保有に転じた。それでも発射時点で日本を狙うミサイルを特定するのは難しい。

韓国の専門家の間では、台湾有事が発生すれば北朝鮮も朝鮮半島で緊張を高める軍事活動に踏み切りやすくなるとの見方がある。台湾有事と朝鮮半島有事が同時発生すると米国の戦力は分散せざるを得ない。高度化するミサイル技術に対応する力を日本や韓国が個別につけておく必要がある。

キーパーソンに聞く

「迎撃確率高める努力を」 神保謙氏（慶大教授）

北朝鮮の中距離弾道ミサイルはこの5年ほどでどんな天候でも、どんな時間帯でも発射出来るようになった。相手に気づかれずに同時に何発も発射することも可能な能力を高めたといえる。

それを考えると日本が反撃能力を保有しても、北朝鮮が発射する前に基地をたたくというのは事実上不可能と認識しなければいけない。攻撃をされた後に反撃した場合でも北朝鮮のミサイル基地がどこかわからないし、日本が調達する地対空ミサイル「パトリオット」が効果を持つかもわからない。

変則飛行のミサイルが増えているのは確かだが、まずは日本に飛来する弾道型のミサイルを撃ち落とすミサイル防衛の確実性を高めていくことが重要になる。北朝鮮も軍事的な合理性を考えている。日本が8割や9割で迎撃できれば軍事的な目標が達成できないと思うだろう。

もっとも日本が変則ミサイルを迎撃できないでいいというわけではない。核弾頭が小型化されて、変則ミサイルにも搭載可能になる可能性もある。現にロシアはそれを実現している。変則飛行ミサイルの迎撃技術も同時並行で研究を進めておくことが必要だ。

日本はイージス・システム搭載艦をミサイル防衛の基盤に活用する。海上から様々なミサイルに対応できるよう改良していくことが欠かせない。

一方、日本が取得する長射程ミサイルは台湾有事には一定の意味合いがある。中国が台湾に上陸する際には艦船を利用して海を渡る。日本が調達する長射程ミサイルは艦船を撃つ能力があり、中国にとっては考慮しなければならない決定的な要素が増えたといえる。

日本が防衛費を増やしても中国とは総額で5倍ほどの差がある。相手の作戦の成功率を下げていくような能力強化に焦点をあてて、作戦を思いとどまらせる抑止力を高めるべきだ。

第 2 章

戦後安保は国を守れるか

万が一、戦争が起きたとき、
憲法９条を掲げる日本は国を守れるのでしょうか。
「そんなことはどうせ起きない」という時代は過ぎ去りました。
経済や外交から自衛隊員の待遇まで、
幅広い視点から戦後の安全保障を掘り下げます。

1　縦割りの日本防衛

◆使われないスーパーコンピューター

ウクライナ侵攻でサイバーの重要性が再認識された2022年春。来日したデニス・ブレア元米国家情報長官（NID）が警鐘を鳴らした。「中国、北朝鮮、ロシアのサイバー能力は非常に高い。日本は能力を高めなければ攻撃を抑止できない」

まずは英政府通信本部（GCHQ）並みの能力を目標とすべきだと訴え「サイバーにはスーパーコンピューターが必要だ」と指摘した。

サイバー防衛は情報を入手・解析するために膨大な計算が必要になる。日本には計算性能で世界最高レベルのスーパーコンピューター「富岳」があり、21年まで速度で首位を走っていた。ところが防衛省がこれらを安保の研究に使った実績はほぼない。ブレア氏が言及したのはそこだった。

政府は文部科学省を通じて富岳に1100億円の開発費と年130億円ほどの運営費を投

じてきた。使途は主に学術や産業の分野に限っている。サイバー防衛の潜在能力があるものの、活用できていない状況は「宝の持ち腐れ」に映る。

拓殖大の佐藤丙午教授は「米国は冷戦後からスパコンを軍事利用してきた」と説く。戦況の判断や作戦計画、兵器開発と幅広く使う。文科、防衛両省の縦割りによって安保に役立てることができない日本とは異なる。

米欧は国防費に含む領域が広い。米国の国防費は原子力に年4兆円を投じ、建設やインテリジェンスにも拠出する。国家や国民の安全が目的なら様々な項目に支出し、複数の役所が関与する。

対照的に日本の防衛費は「防衛省の予算」を指してきた。北大西洋条約機構（NATO）諸国だったら防衛費と位置づける海上保安庁の予算も防衛費には含めてこなかった。安保上重要な空港や港湾は公共事業としてほとんど国土交通省の所管だ。

インテリジェンスの経費は防衛省の情報本部分が防衛費に入るものの、警察庁はもちろん内閣情報調査室や公安調査庁は対象にならない。

防衛費に含まれないという理由で、自衛隊が手掛けない仕事も存在する。例えば政府が備蓄する4500万キロリットルの石油。有事に備えた防護施設が乏しく、民間業者が守る。

日米の防衛費の主な内訳

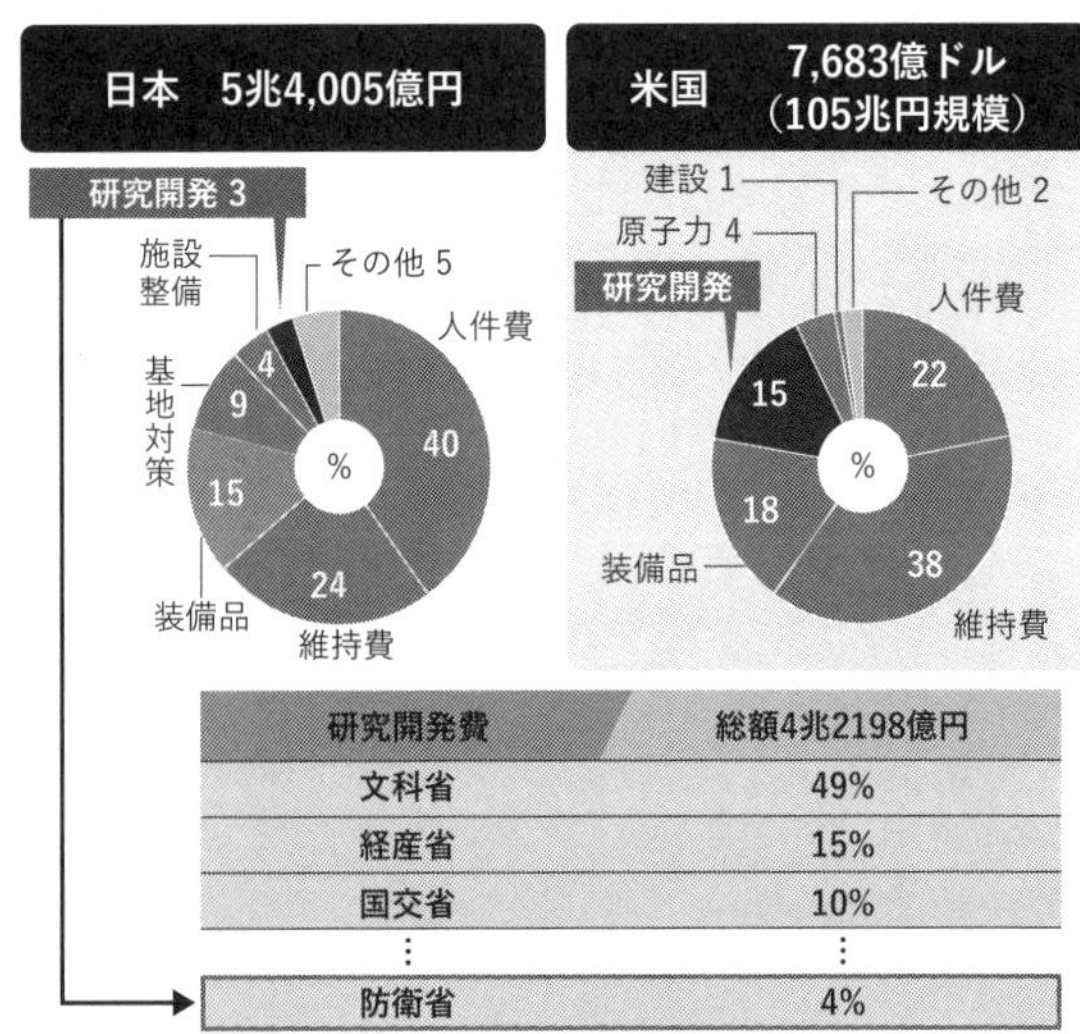

（注）2022年度の当初予算をもとに作成。各項目は主な内容

▶米国は原子力やインテリジェンスも国防費に計上

▶日本の防衛費は防衛省所管の経費のみ。スパコンなど入らず

▶日本の防衛費の研究開発費の割合は米国の5分の1

警備を含めた管理の経費を経済産業省の年700億円規模の予算から手当てしている。

研究開発費はこれらの縦割りの象徴ともいえる。防衛費に占める研究開発の割合はたった3%。米国の国防費では5倍の15%もある。

日本政府は研究開発に年4兆円超の予算を充てる。49%は文科省、15%が経産省、10%が国交省だ。防衛省は4%で、全省庁で6番目にあたる。安保の優先度の低さが浮かぶ。

日本学術会議に代表される学界側の問題もある。

学術会議は発足間もない1950年、戦争目的の科学研究を「絶対に行わない」との声明を発し、2017年にも継承するとの方針を公表した。所管する文科省が巨額予算を「聖域化」し、歴代政権もメスを入れられなかった側面がある。

笹川平和財団の渡部恒雄上席研究員は日本の予算編成の仕組みに問題があると指摘する。「米国は議会の予算局（CBO）が調査機能を持ち、国防総省やエネルギー省、国務省などから情報や政策を集約して国防費をつくる」と話す。

日本は要求側の防衛省と査定側の財務省主計局の2者でほぼ完結する。予算編成の手法そのものが世界の標準に追いついていない。安保を立て直すために何が必要か。問題の根はあまりに深い。

キーパーソンに聞く

「米国防予算、省庁横断で編成」

渡部恒雄氏（笹川平和財団上席研究員）

米国の予算は国防と社会保障の2つの分野が多くを占める。安全保障の「ナショナルセキュリティー」と社会保障の「ソーシャルセキュリティー」という2つの「セキュリティー」が予算編成の要諦だ。

社会保障費には医療費や年金など生活に密接なもの。国防費は世界最大の軍隊を維持するためのお金が計上される。予算を配分するときに2つのセキュリティーのバランスをとらないと財政が破綻してしまう。

日本の予算編成でもこの考え方が必要だ。財政が逼迫するなか国内総生産（GDP）比1%という固定的予算でなく、防衛力の整備に直結する予算が必要となる。ここ10年で中国は軍事費を急速に増やし、北朝鮮の核・ミサイル能力は向上しており、吟味しなければいけない。

米国の国防予算には国防総省やエネルギー省など複数省庁の予算を含む。「役所＝1つの予算」ではない。これができるのは名実ともに議会が予算を決定するからだ。米議会には政権から独立して予算を調査する議会予算局（CBO）がある。中立の立場で様々な予測や分析を提供し、議会はこの情報を基に議論して予算を決める。

国防予算のように省庁横断で組んだ方が効率的なものも多い。日本のように省庁間の溝に落ちてしまうのを防ぐことができる。

◆護衛艦泊められる港どこに

装備品や自衛隊員の移動には空港や港湾などのインフラが欠かせない。２０１９年の日本の国と地方をあわせた公共投資は国内総生産（ＧＤＰ）比３・３％のおよそ15兆円。明確に防衛用途を念頭に置く予算は防衛施設の整備費１９００億円ほどにすぎない。既存インフラを活用する視点が重要になる。

日米欧の19年の予算項目ごとのＧＤＰ比をみると、公共投資と防衛への配分の違いが鮮明になる。公共投資は日本の３・３％に対し、米国は２・０％、英国も２・１％にとどまる。一方、防衛費を比べると米国は日本の０・９％の3倍超の３・４％に及ぶ。英国やフランスも日本のほぼ倍の２・０％や１・７％だ。

日本は長らく防衛費をＧＤＰ比１％以下にとどめてきた半面、予算配分で経済を重視してきた。「国土の均衡ある発展」の名の下に全国に道路や港湾、空港が整備され、かつては「公共事業大国」の性格が色濃かった。

批判を受けて公共事業費は１９９０年代をピークに減少傾向にある。それでも２０２２年度の国の公共事業費は６兆５７５億円。９割弱の５兆２４８０億円分を国土交通省が所管す

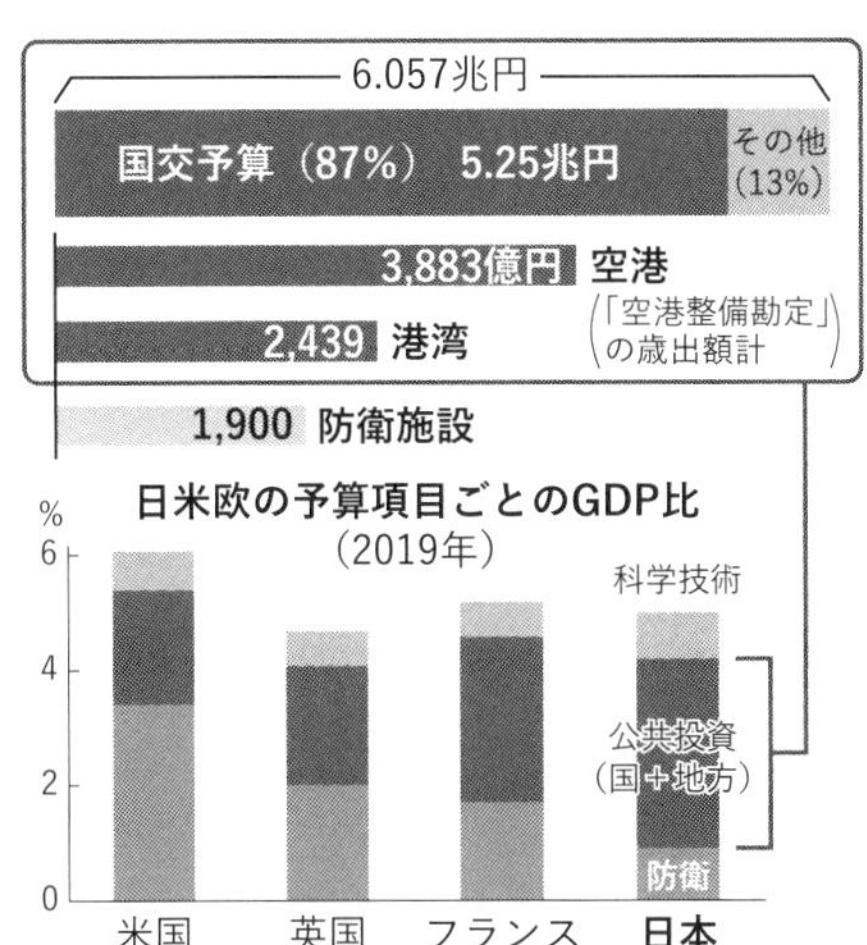

▶日本は米欧と比べて公共投資のGDP比が大きく、防衛は小さい

▶国内にある97空港のうち、自衛隊と民間の共用は8カ所だけ

▶公共事業費の87%は国交予算で、防衛用途ではない

る。事業費の3割以上が道路関連だ。

防衛費に含む施設整備費の1900億円程度は基地改修などに充てる。国交予算の港湾関係費2400億円より少ない。空港の整備や維持を目的とした予算の空港整備勘定の歳出額は3800億円ある。

安全保障目的のインフラ整備は後手にまわったものの、視点を変えればこれら予算が裏打ちした既存インフラは安保上の資産になり得るということだ。例えば南西諸島の離島に点在する空港は台湾有事の際に住民避難や自衛隊の拠点に使える潜在力がある。

現状で全国97の空港のうち自衛隊と民間が共用するのは北海道の千歳や山口県の岩国など8カ所だ。こうした共用空港で国交省予算が出るのは民間用施設の費用が中心で、安保目的の改修には手が回りにくかった。

民間用の港も「自衛隊の利用を進めるべきだ」との意見がある。管轄権を持つ国や地方自治体に申請すれば使う道はある。自衛隊は2021年11月、沖縄県石垣島の民間港湾で輸送艇に車両を積み込む演習を実施した。

安全保障の視点で港湾を考えるなら全長100メートルを超す海上自衛隊の護衛艦の入港ができるようにするなど設計も変わる。いま国交省の公共事業費で十分な水深や桟橋の長さを確保する港湾改修をする動きは乏しい。

防衛費を大幅に増やすといっても財源には限界があり、予算の優先度をつけなければいけない。元海上幕僚長の武居智久氏は「普段は民間が使っても必要なときに自衛隊が使える機能を維持する必要がある」と促す。

キーパーソンに聞く

「民間空港、有事の訓練を」 島尻安伊子氏（自民党）

ロシアのウクライナ侵攻は南西諸島防衛の備えの重要性を再認識させた。地政学的に沖縄県が背負う国防は重い。中国が「核心的利益」と明確にする台湾が有事になれば対岸の火事ではない。自衛隊の防衛力と日米同盟の強化へ不断に努力しなければならない。

沖縄県選出議員として2点を主張したい。ひとつは有事の際に民間の空港や港湾が大事になる。日米両国でどこをどう使うか整理し、事前に訓練しておくべきだ。

米軍基地と居住地が近く、例えば輸送機「オスプレイ」からの物資のつり下げもやめてほしいという声がある。それでも米軍にとって必要ならば訓練はしなければならない。県民にしっかり説明する必要がある。

もうひとつは県民の避難だ。「人道回廊」のような措置は陸続きのウクライナはできるが、沖縄は島なので逃げられない。あるとしても自然壕（ごう）の「ガマ」だ。大人数をどうやって避難させるのかを考えなければならない。

米軍普天間基地（宜野湾市）に関し、抑止力を保ちながら名護市辺野古に移設するのは米軍にとってもギリギリの判断だろう。

辺野古でV字の滑走路が完成する前でも、徐々に普天間基地からオスプレイを移して運用を始めてもいいのではないかとの議論もある。普天間返還が目に見えれば理解が進み、移設もスピードアップして完成に近づくのではないか。

◆「インテリジェンス」足りぬ日本

ウクライナ侵攻は軍事と非軍事を組み合わせた「ハイブリッド戦」の舞台になった。物理的な軍事手段に外交や情報戦、経済制裁などを複合的にいかす手法だ。日本は安全保障の概念が海外より狭く、インテリジェンス（情報）や外交分野の活用も見劣りする。

米国が安保政策の要諦とするのが外交、情報、軍事、経済の頭文字を並べた「DIME（ダイム）」だ。２０２２年10月に公表した新しい国家安全保障戦略にもDIMEの要素を並べ「国力のすべての要素を網羅して戦略的競争相手を打ち負かす」と記した。

日本に目を向けると同年５月に経済安全保障推進法が成立し、ようやく経済分野の環境を整えた。国家安全保障戦略の改定で科学技術や公共インフラなどの安保への活用にも踏み出してはいる。

それでも国の安保を総合的に捉える「国防」の態勢にはほど遠いのが実態だ。

米大統領の平日の執務は「インテリジェンス・ブリーフィング」と呼ぶ情報分析報告から始まる。中央情報局（ＣＩＡ）などが国際情勢を説明する。

日本にはこのような仕組みがなく、外交・安保上の問題が起こればそのたびに首相に伝える運用にとどまる。

北朝鮮のミサイル発射が相次いだ17年。安倍晋三首相のもとに国家安全保障局長、内閣情報官、外務・防衛両省の幹部、自衛隊制服組トップの統合幕僚長が週1回程度集まる体制を設けた。岸田文雄政権になってから同枠組みで集う機会は減った。情報機関も内閣情報調査室や公安調査庁などに分散し、縦割り体質が指摘される。

外交への資源投入も控えめだ。首相が海外訪問に使う政府専用機は2機にとどまり、外相ら閣僚向けの専用機はない。外務省によると米国は28機、ドイツも18機の政府専用機を所有し、日本は主要7カ国（G7）の中で機数が最も少ない。

かつて河野太郎氏が外相専用機の導入を提起したものの、コストが見合わないとの理由で立ち消えになった。新型コロナウイルス禍で民間旅客機の便数が減り、外相は民間のチャーター機を多用する。

10人規模が搭乗して米欧まで給油なしで行けるチャーター機は国内では限られている。企業との争奪戦が激しく、外相の海外訪問でも出発予定日の数日前まで移動手段が確保できないケースがある。

海外支援でも海外との逆転を許している。日本はかつて世界最大の政府開発援助（ＯＤＡ）

拠出国としてアジアやアフリカの経済発展を支えた。不正発覚などを受けた予算削減により22年度のODA予算はピーク時の半分ほどの5612億円だ。

中国は広域経済圏構想「一帯一路」を通じて途上国に巨額の融資をする。中国の19年の低所得国への融資残高は世界銀行と同程度の規模にあたる1085億ドルに膨らむ。

元内閣官房副長官補の兼原信克氏は「戦前の軍事偏重の反省を踏まえ、日本は安全保障と経済、学術分野を完全に切り離した。海外と比べて特殊な構造だ」と語る。「国家安全保障局（NSS）をつくって外交防衛の政策を総合的に考える仕組みを導入したのはよかったが、インテリジェンスやサイバー、経済などはまだまだ距離がある」と指摘する。

◆海上保安庁が戦えないわけ

「中国海警（CHINA COAST GUARD）」。海上保安庁は2022年11月15日、沖縄県・尖閣諸島周辺の接続水域で過去最大の機関砲を積んだ中国海警局の公船を確認した。搭載していたのは中国海軍のフリゲート艦が搭載することの多い76ミリ砲だった。

中国海警局はもともと日本の海保と同じ「海の警察」。中国政府は18年に治安維持を担当する人民武装警察部隊（武警）の傘下に置いた。21年に海警法を施行し、海警局を準軍事組織に改変した。主権を侵害したと判断した場合は、外国船への武器使用も認められる。海保が尖閣の接続水域内で確認した日数は12年の91日から22年に336日に増えた。

中国の脅威に対抗する海保の扱いをどうするのか。国家安全保障戦略などの安保関連3文書の改定作業ではその法的な位置づけが論点のひとつとなった。

海保は1948年、日本の非軍事化を進めたGHQ（連合国軍総司令部）のもとで芦田内閣が創設した組織だ。領海や接続水域、排他的経済水域（EEZ）を活動領域と定め、運輸省（現在の国土交通省）が管轄する行政機関の一つとした。

当時の議論の末に海上保安庁法25条に盛り込まれたのは「軍隊の機能を認めると解釈して

はならない」との定義だ。ソ連側から「海保が設置されるのは日本海軍復活の前兆だ」との指摘があり、配慮したとされる。

同法をもとに海保は「非軍事的性格を持つ」と解釈される。必要最小限度の警察力の行使のみしか許されていない。「第5軍」とも呼ばれ軍隊と同等の組織とみなされる米国の沿岸警備隊とは性格を異にする。

関連法による海保の規定

法律	自衛隊法80条	海上保安庁法25条
公布	1954年	1948年
海保の記述	首相は自衛隊に出動命令があった場合、特別の必要があると認めるときは海上保安庁を防衛相の統制下に入れることができる	海上保安庁またはその職員が軍隊として組織され、訓練され、または軍隊の機能を営むことを認めるものと解釈してはならない
解釈	緊急時は防衛相の指揮下に入る	海保の武器使用は警察活動が目的。非軍事的な性格

一方、海保は有事対応でもうひとつの法律の影響を受ける。自衛隊法だ。緊急の際には海保を防衛相の指揮下に入れると定める。海保の法的性格などを踏まえ、自衛隊と海保の有事の役割分担を定める「統制要領」は長年の間、封印されたままになっていた。

「非軍事的性格を保ちつつ、適切な役割分担を確保する」。海保の石井昌平長官は22年11月に記者会見で現時点の対応をこう説明した。漁船の保護や船舶の避難など警察権の範囲での活動を見込んでいる。

中国の軍事的脅威が強まり海保を取り巻く環境は一段と厳しくなった。12月に決定した国家安保戦略は「自衛隊と海保の連携・協力の強化」と明記した。

日本が攻撃を受けた「武力攻撃事態」を想定した「統制要領」の具体化に乗り出す。共同訓練も実施し、海保が持つ大型無人機で収集する情報を自衛隊と即時に共有する枠組みも調整している。

自民党内になおくすぶるのが「警察の海保が中国の武装船に本当に対抗できるのか」といった声だ。法改正で海保の装備を充実したり武器使用の基準を設けたりして、有事にも対処しやすくすべきだと唱える。

明治学院大の鶴田順准教授は平時でも有事でもない「グレーゾーン事態」の対処に向けた準備を急ぐべきだと主張する。「切れ目なく対応するにはまず海保と自衛隊の役割を定めておく必要がある」と説く。

◆気候変動と地政学

エネルギー政策と関わりが深い気候変動が安全保障の概念としても定着してきた。地球温暖化が紛争のきっかけになったり国の安保環境を変動させたりする一因になるためだ。国家安全保障戦略にも気候安全保障の重要性が明記された。

気候安保で日本が直面する喫緊の課題は日本最南端の沖ノ鳥島だ。東京都心から1700キロメートルほど南に位置する。周囲の排他的経済水域（ＥＥＺ）は日本の国土を上回る40万平方キロメートルに及び、コバルトやニッケルなどの海底鉱物にも恵まれる。

気候安保に詳しい京大の関山健准教授は「仮に温暖化をうまく抑えたとしても海面上昇はその後も続く。沖ノ鳥島の水没を防ぐのは難しいだろう」との見方を示す。

2004年の調査で満潮時の陸地の高さは最大16センチメートルだった。そこから海面は数センチ上がった。政府は護岸工事などの対策を施すが海面上昇の影響を排除できる見通しは立っていないという。

安全保障と関連し議論されるのは地政学的な意味合いが大きいからだ。防衛研究所の小野圭司特別研究官は「沖ノ鳥島は台湾と米国のグアムの中間に位置する戦略的な要衝だ」と指

沖ノ鳥島

（国土交通省京浜河川事務所提供）

摘する。国連海洋法条約はＥＥＺ内での他国の調査には沿岸国の同意が必要だと定める。ＥＥＺを失えば中国による調査や中国海軍が活動しやすくなる。小野氏は「仮に中国が海底調査に乗り出せば、日米の潜水艦の位置も探りやすくなる」と警鐘を鳴らす。

政府がとり得る戦略はあるか。関山氏は外交交渉を提起する。「日本以外にも海面上昇で悩む国は多い。気候変動で国際的なルールづくりを日本が主導すべきだ」と話す。例えば今年を基準年と位置づけて、水没しても領土とみなすといった案などが考えられるという。

日本は気候安保で北極海航路など海上交通に関する課題も抱える。北極海航路はウクライナ侵攻で一時停止となったものの、コスト面で優れた航路を探る動きは中長期では強まる可能性が高い。活用する場合には現在の「シーレーン」と同様、民間船を守る仕組みが欠かせない。

日本は貿易の99%超を海運に頼り、中国による海洋進出のリスクにさらされている。22年8月、中国軍は台湾を取り囲んで軍事演習し、台湾南方のバシー海峡にも布陣した。同海峡は日本が輸入する原油の9割、液化天然ガス（LNG）の6割が通過する。

温暖化で漁場が北上し、近隣諸国の漁船との紛争につながる懸念もある。日本海中部の好漁場である大和堆には中国漁船が押し寄せる。20年には水産庁の取り締まり船が4千隻を超える中国漁船に退去警告をした。

日本の水産庁の取り締まり船は40隻超にとどまり、相手の船を威嚇する手段は放水銃などに限られる。これでは近年、存在が指摘される武装漁船に対抗できない。

米国は軍隊の一組織に位置づけられる沿岸警備隊、英国は海軍が漁業の取り締まりにあたる。異常気象で台風の勢力が強まることも安保に影響しうる。自衛隊の災害派遣の件数が国内外で増えれば本来任務が圧迫されかねない。

2　弾薬もない自衛隊

◆自衛隊は2カ月で「弾切れ」に

ロシアによるウクライナ侵攻は戦い続ける「継戦能力」の重要さを浮き彫りにした。日本も有事の際は一定期間、戦いを続けられるかどうかが国家や国民にとって死活問題になる。自衛隊にこうした能力はあるか。

防衛省は対処能力を伏せるため弾薬の具体的な保有量を公表してこなかった。政府内の南西諸島の有事に関する試算を入手したところ、3カ月の防衛に必要な弾薬のうち現時点で確保するのは6割ほど。2カ月間程度で「弾切れ」になるという。

誘爆を防ぐため、弾薬は保管する場所同士の距離に制約がある。広大な土地を用意しやすい北海道は自衛隊の弾薬全体の7割が集中し、南西諸島などは相対的に少ない。

有事には船舶などで輸送する予定だが、追い付かなければ2カ月を待たずに戦えなくなる事態もあり得る。自民党の高市早苗政調会長（当時）は南西方面の有事に関し「1週間持た

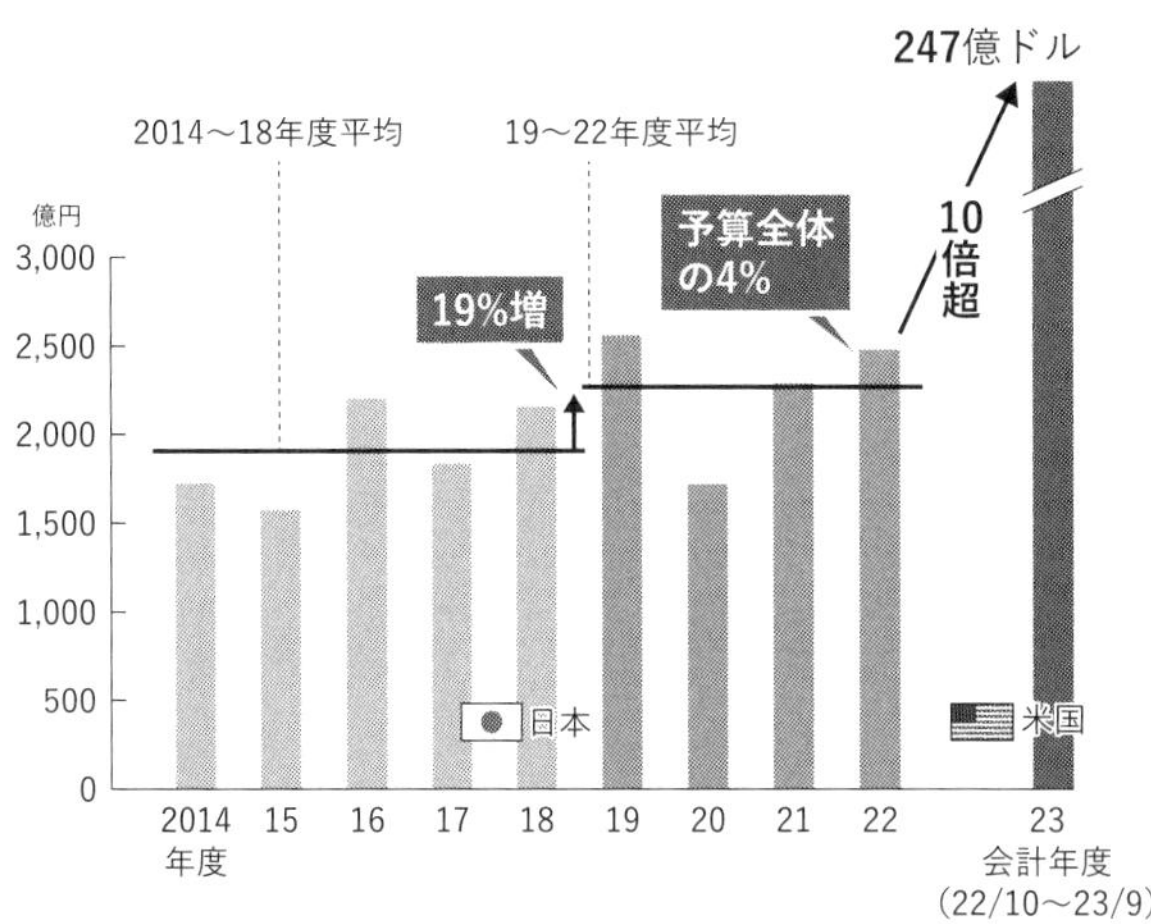

(注) 22年度は21年度補正予算への計上分を含む

▶日本の弾薬予算は増加傾向も、継戦能力は「2カ月」
▶土地面積に制約のある南西諸島の貯蔵量は少なく
▶防衛費は正面装備優先。AWACSなどの防護乏しく

ないだろうと言われている」と懸念を示す。

日本の防衛費をみると弾薬に関する予算は2019〜22年度に平均2266億円だった。14〜18年度の同1904億円より2割ほど増えた。それでも米国の予算の10分の1未満だ。

目に付きにくい問題には「装備の守り」もある。例えば地上に駐機している航空機だ。浜松基地（静岡県）は航空自衛隊の早期警戒管制機（AWACS）「E767」が

4機ある。同基地には爆撃から機体を防護する「掩体（えんたい）」がない。

E767は広範囲を監視する「空の司令塔」といえる重要な装備だ。中国も象徴的な装備品だと認識している。日本経済新聞の分析では中国が砂漠地帯にE767を模したとみられる構造物を設け、破壊していた。

小野寺五典元防衛相は「戦闘機を隠すなど『抗堪（たん）性』を持たせる取り組みがいる」と強調する。装備品が稼働する前にたたくのは軍事の常道だ。掩体は米欧や韓国、台湾など海外では一般的だ。元空自幹部によると空自の基地では千歳（北海道）や三沢（青森県）など一部にとどまる。千歳基地の掩体も築40年近くになり外壁がさびて変形しているという。

建物の劣化は深刻だ。防衛省が所有する2万3000棟程度の建物の4割、およそ9800棟は築40年以上。旧耐震基準で建てた。うち8割は耐用年数を超えた。耐震の改修が済んだのは300棟あまりしかない。

武力攻撃にもろいだけでない。戦う前に地震などの災害で機能不全になることすらある。「国民をどう守るか」よりはるか手前の論点がある。

TOPICS　鉄道と防衛力　民間の貨物輸送が担う備え

日本で2022年は鉄道開業150年の節目だった。「鉄道と国防、軍、戦争は大変密接な関係にある。昔も今も鉄道は安全保障上、重要なインフラだ」。国民民主党の榛葉賀津也幹事長は11月、参院外交防衛委員会で訴えた。

ロシアはウクライナ侵攻に際し装備品や部隊を鉄道で運んだとされる。ウクライナも支援国からの戦車やミサイルなどを鉄道で受け入れたとの指摘がある。重量物を素早く大量に運ぶ手段は標的にもなった。

榛葉氏は日本についても「鉄道貨物の輸送が極めて重要になる」と説いた。日本の弾薬の備蓄は7割が北海道にある。かつてソ連侵攻を警戒し弾薬庫を多く配置したためだ。南西方面で有事となればこれを迅速に送らなければならない。

自衛隊の輸送車両や艦船、航空機を使うのも限度がある。元陸上幕僚長の岩田清文氏は「民間の協力が重要になる」と話す。

民間の貨物列車やフェリーなども利用すれば、運搬量を大幅に増やせる上に時間も短縮可能だ。自衛隊は危険度が高い前線近くの任務に集中できる。

自衛隊は既に鉄道貨物を活用する訓練をしてきた。例えば21年秋の陸自演習で車両や資材を運んでいる。緊急時でなく、鉄道会社との事前の調整に時間がかかるといった課題はあるものの、実績はゼロではない。

鉄道輸送の基幹を担うＪＲ貨物は22年10月、25年度までの目標を公表した。そこには「自衛隊との定期的な意見交換の実施」と記した。

協力関係が約束されたように映るが実は隠れた問題がある。鉄道網自体の維持が前提になるからだ。人口が減る地方で公共交通機関の経営は厳しい。鉄道は多くの路線で運賃収入がコストにあわず不採算で運営する実態が目立つ。

旅客の需要は防衛上の重要性とは関係ない。北海道のＪＲ函館本線の函館―長万部間はその代表例だろう。自衛隊が道内の拠点から本州へ物資を運ぶなら不可欠な路線だ。一方で函館市を除くと沿線に人口10万人を超す市や町がなく、地域内の利用は限られる。

並行して整備中の北海道新幹線の札幌までの延伸区間が開業すればＪＲ北海道から経営を分離される。都市間の乗客は新幹線に流れ、仮に自治体などが出資する第三セクターで残しても赤字になる見込みだ。地元は維持する場合の負担増を警戒する。

これまで地方の鉄道網は主に地元の足の確保や地域振興の視点で行政が支援してきた。旅客需要だけを考えるならバスなどに転換するほうが地元の負担が少ないとの判断もある。

１９８７年の国鉄の分割民営化後、日本の主な鉄道網はＪＲ各社を軸に維持してきた。新たに整備した新幹線の並行在来線の多くは第三セクターが運行を続ける。民間や自治体が運営を支える構図は離島と結ぶ空路や海路にも当てはまる。

防衛費の増額に関する政府の有識者会議は22年11月の報告書で自衛隊が使う公共インフラを政府全体で整備するよう提起した。政府が決定した新たな国家安保戦略などもこれを踏まえた。国防はその名の通り最後は国家の責任といえる。

日本を取り巻く安保環境は厳しい。侵攻に機動的に対処できる能力は輸送という後方支援であっても抑止力の一部になる。貨物の運搬だけでなく国民退避の手段という視点で使える可能性もあるはずだ。

地方の鉄道はいま過疎化や廃線、代替交通機関といったキーワードで語られる。その裏に防衛力という論点があることを忘れてはいけない。

◆「共食い」する戦闘機

「稼働できる航空機が足りません。編隊を組む演習では規定の機体数が用意できないです」。航空自衛隊でこんな悲鳴が上がる。

陸海空の3自衛隊全てで同じ声がある。近年は航空機や戦車など装備品の稼働率が低下している。

防衛省は非公式に実態を調査した。全装備品のうち足元で稼働するのは5割あまりだった。稼働していない5割弱のうち半数は「整備中」だが、残りは修理に必要な部品や予算がない「整備待ち」に分類された。

「共食い」という言葉がある。F2戦闘機などの例があがる。予算が足りずに予備の部品が確保できない場合、応急措置として同型機から部品を外して流用する。一部の機体は部品の草刈り場になる。回復の見込みが立たない深刻さが「整備待ち」には潜む。

戦闘機などの航空機は中国が3030機で日本は360機だ。もし稼働率が5割なら3030対180。実質的に日本は中国の6％程度になる。中国の稼働率も100％にはならないが、格差は公表値より大きい。

他の機体に部品をとられた「共食い」状態のF2戦闘機

（防衛省提供）

日本の2022年度の防衛予算のうち、維持整備費は1兆1000億円と2割ほどを占める。「整備待ち」を解消するには「倍以上は必要」との意見がある。

安倍晋三元首相は「継戦能力を維持する上でもまず弾だ。十分とは全くいえない。脆弱性は明らかだ」と訴えていた。

弾薬の総数が足りないだけでなく、ミサイルを迎撃する地対空誘導弾パトリオットミサイル（PAC3）などに使う精密誘導弾の不足が深刻だ。自衛隊幹部は「南西諸島で有事があれば数日も持たない」と明かす。

弾薬庫の設置が進まない。火薬類取締法は弾薬庫を設置するときに安全確保のために保安距離を置くよう求める。地元との調整が不可欠だ。

19年に沖縄県・宮古島などに建設しようとした際は「標的になる」と反対運動がおきた。自治体の同意を得るのは簡単ではない。

保管状況を考えれば、沖縄周辺で有事になったときは弾薬、燃料、糧食、日用品などを新たに運ばなければ戦えない。ところが海自の輸送艦は1990年代に就役した老朽船も多く、数も限られる。

「実は補給艦や保管庫などの『非戦闘能力』こそ、本当の防衛力だ」。外務省幹部は語る。

日本に単独で大国の侵攻を防ぐ力はない。「米軍の増援が来る数週間をまず耐えしのぐ」との狙いで基盤的防衛力を想定し、装備品などを整備してきた。いまの継戦能力ではその目標すら達成できそうにない。

◆なぜ「トップガン」が育たない

「68回目の鑑賞です」。ツイッターで映画『トップガン マーヴェリック』を巡る投稿が引きも切らない。2022年5月に公開した後、映画館に繰り返し足を運ぶ人が増え「#追いトップガン」との言葉を生んだ。

1986年に公開した『トップガン』以来、36年ぶりの続編だ。トム・クルーズ演じる教官・マーヴェリックがパイロット訓練生の指導に心血を注ぐ。作戦の成功をめざして妥協を許さない姿勢が見る人をひきつけた。

前回の『トップガン』を上映したのは米ソ冷戦のさなか。いまは無人機が登場する新時代に入っている。それでも「人」に焦点をあてたのはいつの時代も人材こそが礎との思いがあるからだろう。

現実の世界をみてもそれは変わらない。政府が英国、イタリアと共同で開発する予定の次期戦闘機は無人でなく、有人だ。戦況に瞬時に対応するには、総合的な判断ができるパイロットが欠かせない。

政府・与党による国家安全保障戦略の検討過程では不安な実態が明らかになった。

国際観艦式で飛行した航空自衛隊のF15J戦闘機（2022年11月）

「戦闘機パイロット1人あたりの年間飛行時間は7年で2割ほど減った」「固定翼哨戒機のチーム訓練は15年で8割減少した」。パイロットの訓練の機会が奪われている。

自衛隊にも映画さながらに、ミッションの達成をめざしてコンマ1秒を争う訓練がある。戦闘機同士が戦う「ドッグファイト」や潜水艦を追尾する訓練の場合、実戦に近い環境でなければ感覚を養うのは難しいという。

「次期戦闘機でも相手と同じような性能であれば、結局は練度がものをいう」。自衛隊幹部は強調する。次期戦闘機の開発にどれだけ巨費を投じても、優秀な使い手がいなければ「張り子の虎」になる。

いまのパイロットの訓練が不足している要因

は主に2つある。ひとつは中国やロシアなどの艦船や航空機が日本周辺に来る頻度が高まったためだ。自衛隊の定員数が変わらないにもかかわらず、中ロは圧倒的な物量で押し寄せる。対処しないわけにはいかない。おのずと訓練の時間はなくなる。

もうひとつが自衛隊機の稼働率の低下だ。自衛隊の戦闘機などの装備品のうち稼働するのは5割ほどにとどまる。修理に必要な部品や予算が足りず訓練に十分な機体数を割り振れない。シミュレーション機器を使う訓練には限界があり、チームとして練度を上げるのも困難だ。哨戒機なら目標を見失うような致命的なミスを生む可能性がある。

安保戦略には半世紀ぶりの政策転換が相次いだ。反撃能力の不保持、国内総生産（GDP）比1％の防衛費、装備品の厳格な海外移転。いずれも戦後から70年代に形づくられたものだ。冷戦期だった国際情勢は今では第2次世界大戦後、もっとも厳しい環境に変貌した。日本は自立した防衛に向けた一歩を踏み出そうとしている。次の「トップガン」を自衛隊から生み出せるのかは、その流れを確かなものにできるかともかかわる。

3　戦略見えない防衛戦略

◆「統合抑止」とトマホーク

「統合抑止（Integrated Deterrence）」。日米で進む外交・安全保障戦略擦り合わせのキーワードだ。２０２２年5月、日米防衛相会談ではオースティン国防長官が促し、事務方の交渉でもこの言葉が軸になっている。

統合抑止は米国が新たに打ち出した安全保障の基本戦略で、これまでの軍事力だけではなく、同盟国の能力、サイバーや宇宙の領域を幅広く活用する。米軍単独では中国の脅威に対処できない危機感がある。

これまで日本の防衛費論議は国民総生産（ＧＮＰ）比１％枠が象徴する「数字ありき」の議論や、どんな装備品を購入するのかの「買い物計画」に偏りがちだった。

米国とより連携を深めるなら米国と補完し合う形で装備品を調達し、戦略や制度も見直さなければならない。特に台湾有事の対応が問われる。

第1段階の統合抑止で最も重要なのはミサイルになる。米国は過去の条約の制約で現在、中距離ミサイルを持たない。日本から中国に届く中距離ミサイルは日米ともに保有していない。条約の対象外だった中国は1250発以上を持つとされる。「0対1250」の圧倒的不均衡の修正が急務だ。

国家安保戦略は一つの策を示した。相手の射程外から攻撃できる長射程の「スタンド・オフ・ミサイル」だ。国産の「12式地対艦誘導弾」の射程を1000キロメートルに延ばしたり、米国のトマホークの購入を明記したりした。

沖縄の在日米軍基地や台湾に近く、中国側に届く。米国の統合抑止への目に見える関与といえるが、中国の反発も必至だ。米中対立のはざまに入る覚悟もいる。

統合抑止は装備だけではない。インフラや制度、組織も日米がともに使えなければ機能しない。

「本州にある航空自衛隊の基地を米軍の戦闘機に使わせてほしい」。22年夏、米シンクタンク、ランド研究所が実施した机上演習でこんな場面があった。台湾有事の仮想シナリオで米軍幹部が自衛隊幹部に要請した。

台湾周辺の米戦闘機は沖縄の在日米軍基地に集中する。中国の攻撃前に分散しなければ、簡単に壊滅しかねない。日本が退避場所を提供できるかが米軍の生命線になる。

自衛隊組織の見直しも大事だ。米国が参加する北大西洋条約機構（ＮＡＴＯ）や米韓同盟には「最高司令部」や「連合司令部」がある。トップは米軍の司令官だ。日米には統合司令部はなく指揮も別々だ。

米韓や日米には朝鮮半島有事にどう協力して対処するかを規定する「共同作戦計画」があるが、日米の間で台湾有事に向けた計画は完成していない。装備や人員の配置、輸送や補給手段などを具体的に定めなければ統合作戦は動かせない。

南西諸島には全長３００メートル以上の米空母が寄港できる港湾設備はない。最新鋭戦闘機が発着できる堅固で長い滑走路も見当たらない。港や空港は国土交通省の所管だ。

国・地方あわせて15兆円の公共投資予算で防衛向けは１９００億円。従来の防衛費の概念に入らない他省庁の予算は多い。

日本は戦後、自らは一度も紛争に巻き込まれたことがない平和国家だった。防衛費増を危険視する向きもあるが、軍事に傾斜する中国や北朝鮮、ロシアが近くにあり安保環境は厳しさを増す。必要な備えがなければ、攻撃は抑止できない。平和を守るには有事をにらんだ備えがいる。

TOPICS

ロシア「緒戦」に3つの敗因 航空優勢確保せず

2022年版防衛白書はロシアによるウクライナ侵攻を「アジアを含む国際秩序全体の根幹を揺るがす」と非難した。ロシア軍を「大都市の緒戦における掌握の失敗」と分析した。作戦、指揮統制、ハイブリッド戦の3分野に緒戦の敗因があると指摘した。

白書は5月下旬までの戦況を分析対象にした。ロシア軍の失敗の1つ目に侵攻当初にミサイル攻撃を徹底しなかった点をあげた。

ロシアはまずウクライナ軍の防空システムや戦闘機などの航空戦力を破壊し、航空優勢を確保するやり方もあった。実際は優勢を得ないまま複数地点で地上侵攻を始めて反撃にあった。

白書はウクライナ軍の抗戦の意欲や戦闘力についてロシアが楽観的に見積もったと強調した。偵察衛星などで攻撃対象を定める能力が不足していたとも付け加えた。

2つ目の失敗は指揮統制の乱れだ。地上軍と航空宇宙軍の連携不足や一元的な指揮が欠如していた。その結果、地上部隊の分散や逐次投入を招いたと言及した。

ロシアがウクライナ東部2州での戦闘を優先する方針転換をした後も、軍以外に国家親衛

ロシア軍に関する分析

作戦	ミサイル攻撃を徹底せず、航空優勢を確保しないまま地上侵攻。ウクライナ軍の抗戦の意欲などを楽観的に見積もった可能性
指揮統制	各軍の連携不足や一元的な指揮の欠如によって地上部隊の逐次投入招く
ハイブリッド戦	米英の積極的なインテリジェンス情報の開示によって、ロシアの偽情報の流布などが奏功せず

（出所）2022年版防衛白書の記述を基に作成

隊や連邦保安庁などが作戦に参加した。こうした事例を念頭に「今後も指揮統制をめぐる問題を抱える」と予想した。士気や兵站に問題があるとの見解も紹介した。

3つ目に偽情報の流布など非軍事的手段も組み合わせたハイブリッド戦について「奏功しなかった」と記した。「米国や英国の積極的なインテリジェンス情報の開示によってロシアの企図が周知されていた」と説明した。

侵攻が長引いた場合のさらなるリスクにも触れた。「国際的に孤立するロシアにとって中国との政治・軍事的協力の重要性はこれまで以上に高まっていく可能性がある」と明記した。

TOPICS 宮古・石垣島にミサイル部隊　台湾有事の最前線に

先島諸島で日本の最西端にある与那国島は台湾と110キロメートルほどしか離れていない。2022年8月4日には中国軍が台湾周辺に弾道ミサイルを撃ち込み、与那国島から80キロメートル程度の地点に着弾した。

台湾と与那国島間の海域は中国艦艇が東シナ海から太平洋に抜ける経路のひとつでもある。21年に中国海軍のフリゲート艦1隻が東シナ海に向けて北上したことを確認した。

空母「遼寧」を含む艦隊も相次ぎ沖縄本島と宮古島の間の海域を南下して太平洋に展開した。九州南端から台湾にいたるまでの南西諸島は本州の全長に匹敵するほどの範囲に島が点在する。これまで守りが手薄だとの指摘があった。

23年3月に石垣島に陸上自衛隊の駐屯地を新設した。19年の奄美大島や20年の宮古島に続いて地対艦ミサイル部隊を置く。地対空ミサイル部隊も設けて対空戦闘に備える。

電磁波で敵の通信やレーダーを妨害する電子戦部隊を22年までに南西諸島の3つの駐屯地・分屯地に置いた。23年度には台湾に最も近い最西端の与那国島にも配置する。

自衛隊は南西諸島の防衛を強化

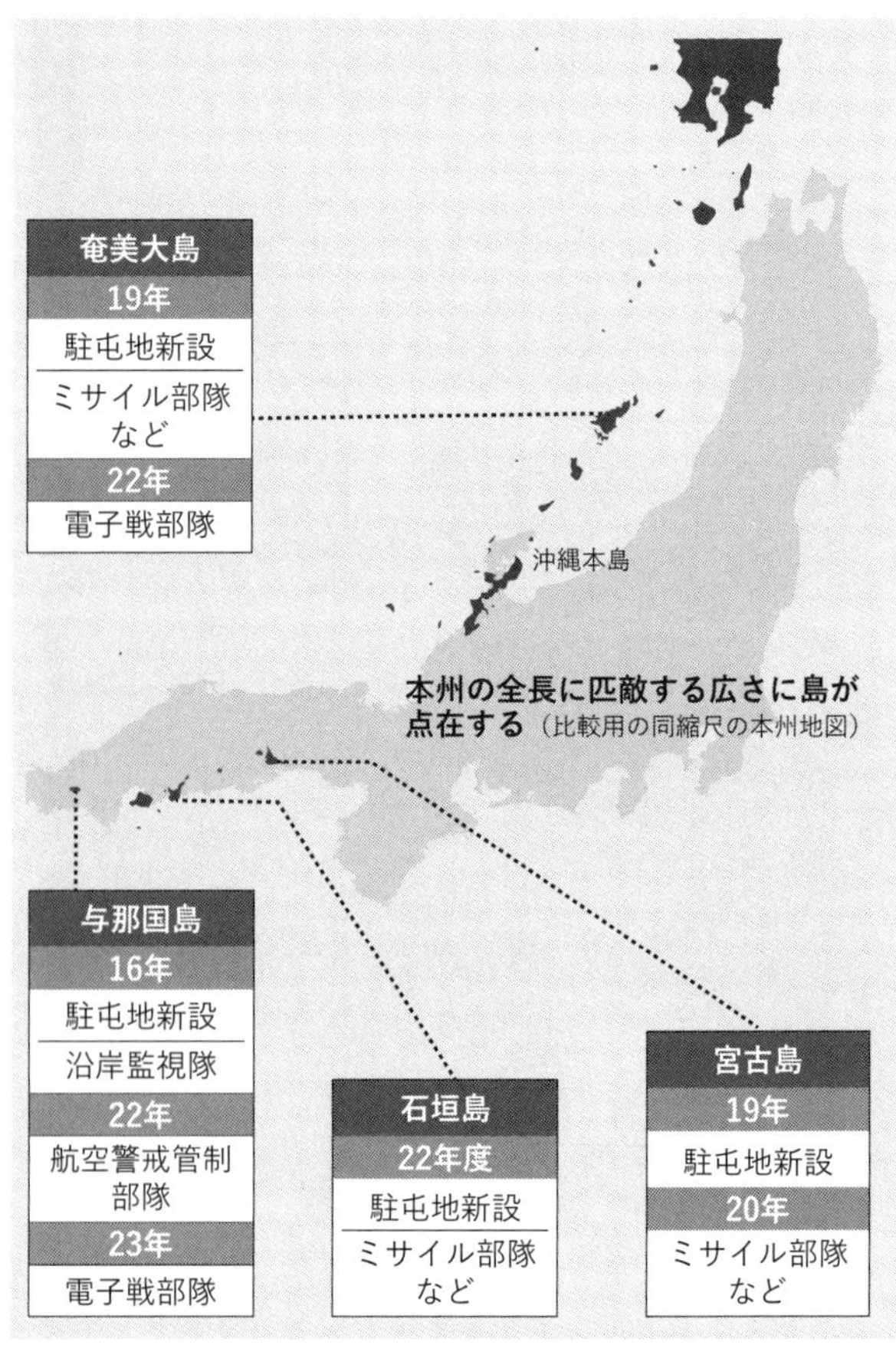

◆「連合司令部」不在の日米

台湾有事の抑止に必要なのはミサイルなど装備品の増強だけにとどまらない。日米同盟や自衛隊の構造、安全保障に関わる法制度を含めた総合的な点検が不可欠となる。

2022年8月25日、自民党安全保障調査会などの幹部会合。来年度予算の概算要求の議論で防衛相経験者からこんな意見があがった。「沖縄に米軍と連携する自衛隊の統合司令部をもうけるべきだ」

自衛隊の司令部はミサイルや戦闘機といった装備品と異なり大きな予算案件ではない。言及したのには訳がある。

ウクライナ侵攻の脅威にさらされる北大西洋条約機構（ＮＡＴＯ）や北朝鮮と対峙する米韓同盟の場合、いずれも米軍がトップを務める。韓国なら米韓連合軍司令部があり、在韓米軍司令官が有事での作戦の統制権（指揮権）を持つ連合軍司令官を兼ねる。日本は米軍との連合司令部を持たない。

日米安全保障条約5条は日本の施政下への武力攻撃に日米が共同で対処すると定めているものの、有事ではそれぞれが別々の指揮系統で対応するのが決まりだ。

米同盟の指揮の形式

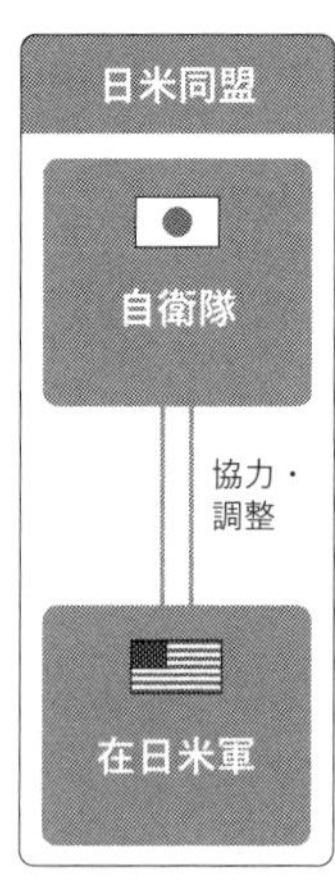

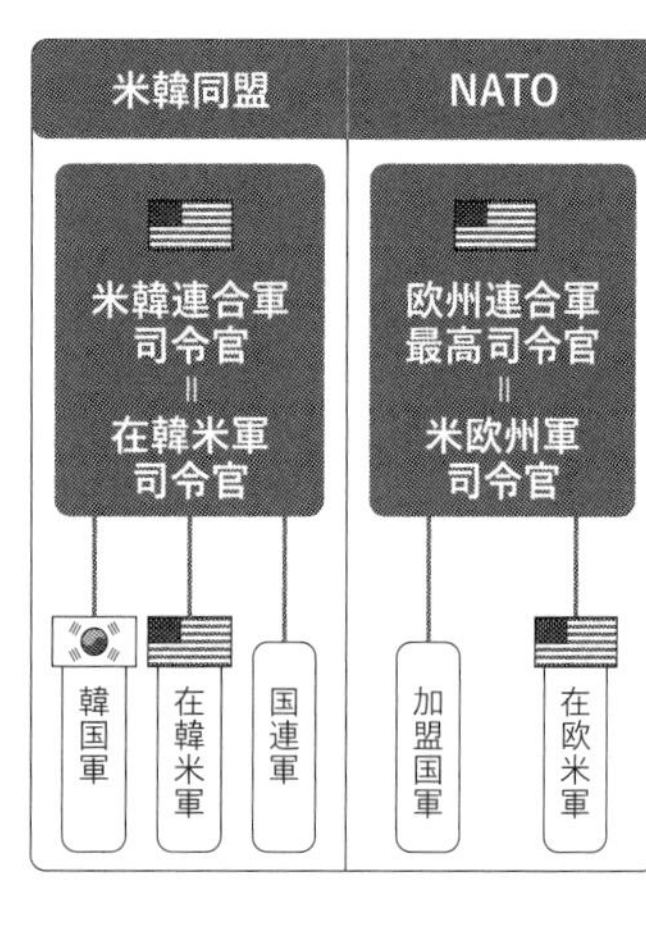

15年の日米防衛協力の指針（ガイドライン）改定で、ようやく平時から外務・防衛当局など様々なレベルで協議する「同盟調整メカニズム」ができた。

冷戦下や限定的な脅威にとどまるうちは十分だった。台湾有事になれば実際の戦闘に加え米軍の後方支援や沖縄県の尖閣諸島の防衛、台湾の邦人退避といった複合事態への対応を迫られる。

指揮系統が別々では日米の部隊運用に齟齬（そご）が生じ、中国への抑止力をも弱めかねない――。防衛相経験者の発言には、日米が根底に抱える脆弱性への危機意識がある。

同盟を組むのに日米がNATOのような連合司令部をもたない背景には、憲法9条がある。日本の防衛力は自衛のための必要最小限に限り、安保関連法の成立まで集団的自衛権の行使を容認してこなかった。自衛隊を米国の軍隊と同列に位置付けることにも憲法上の限界があった。

防衛研究所の千々和泰明主任研究官は「米軍にとって主要な同盟の指揮権は『一体型』で日米同盟はやや特異だ」と話す。「一般論で言えば単一の司令官の方が効率的で、米軍内で『並列型』は通常避けるべきだとされている」と説明する。

米側は過去のガイドラインの議論の過程で、有事の際に自衛隊が米国人司令官の指揮下に入るかたちでの指揮権の統一を要求していたという。

憲法の制約下で台湾有事にどう向き合えばよいのか。笹川平和財団の小原凡司上席研究員は自衛隊内の司令部機能に注目する。「平時から意思疎通し共同作戦を遂行するには、常設の統合司令部があるのが望ましい」と唱える。

現状では自衛隊の制服組トップの統合幕僚長が有事に多くの業務をこなすことになる。国内調整に加え、米軍制服組を率いる米統合参謀本部議長やインド太平洋軍などの司令官の窓口となる。

一元的な部隊指揮を担う統合司令部を新設し司令官が米軍司令官のカウンターパートにな

れば、円滑な協力をしやすくなるとの期待がある。

日本は地域の安全保障の枠組みも堅固とはいえない。インド太平洋地域の安保は日米や米韓、米豪など米国を軸とした個別の同盟が担う。車輪になぞらえ「ハブ・アンド・スポーク」と呼ばれる。

NATOは性質を異にする。米欧30カ国の加盟国のどこかが武力攻撃を受ければ、すべての締約国への攻撃とみなして共に反撃する。北欧のフィンランドとスウェーデンがウクライナ侵攻後に加盟申請した理由もこの点にある。

NATOのような集団防衛体制がない日本にとっては韓国に加え「準同盟国」ともいわれるオーストラリアや英国などとの基盤づくりが欠かせない。

ウクライナはNATOなどの装備品や弾薬を活用し長期戦が可能になった。自国による装備品などの保有だけでなく、米国や準同盟国との共通基準をつくるといった弾力性のある運用も抑止の強度を高める手法となる。

◆47年前の構想が残したもの

日本の防衛戦略や人員配置、装備品の計画を規定してきたのが防衛計画の大綱だ。政府は半世紀ほど前の1976年に初めて策定し、これまでに5回改定した。安全保障の環境に応じて修正してきたものの、冷戦時の名残ともいえる影響は色濃く残ってきた。

2022年7月、防衛省。現内閣官房参与の島田和久氏が防衛次官の離任式で言及したのは1976年の防衛大綱の基本的な考え方の「基盤的防衛力構想」だった。「なすべきことは『基盤的防衛力構想』からの完全な脱却だ」と強調した。

「冷戦下のデタント（緊張緩和）という特殊な国際情勢で生み出され歴史的役割は終わっているが、我々のなかで知らず知らずのうちに根をはっていないか」と訴えた。

基盤的防衛力構想とはなにか。76年の防衛白書はこう解説している。「特定の差し迫った侵略の脅威に対抗するというよりも全体として均衡のとれた隙のないものであることが必要だ」

全国に均一に自衛隊を配備し「平和時の防衛力」と呼ばれた。小規模で限定的な侵略に独力で対応できる能力が持つべき範囲だとも解された。

同構想のもとで冷戦時に圧倒的な軍事力を誇った米国を頼るのを基本戦略とした。「米軍が

防衛大綱が掲げてきた構想の変遷

1976年	基盤的防衛力構想	脅威に直接対抗するよりも、力の空白となって不安定要因にならないよう必要最小限の防衛力保有
2010年	動的防衛力	南西諸島防衛を重視。部隊を機動展開
13年	統合機動防衛力	陸海空3自衛隊の一体運用に力点
18年	多次元統合防衛力	宇宙・サイバー・電磁波の新領域で能力を強化し、領域横断作戦

日本の防衛に来るまでの2、3週間を耐えしのぐ」といった認識はなお根底にある。

米国と旧ソ連が再び緊張関係になる「新冷戦」や冷戦終結など国際情勢が変わっても、2010年の防衛大綱改定まで同構想を維持した。

中国の軍事費増強が目立った後は10年に「動的防衛力」、13年に「統合機動防衛力」、18年に「多次元統合防衛力」といった観点を打ち出した。それでも半世紀近くたった今も同構想が尾を引く。

旧ソ連と向き合った北海道に偏る配置は代表例だ。自衛隊は南西シフトを進めているものの、全国に15ある陸上自衛隊の師団・旅団のうち4つも北海道に置く。1962年に北海道を4個師団体制にした流れをくむものだ。

「対ソ連」が抜けない日本の防衛体制をよそ目に、22年10月の中国共産党大会で習近平（シー・ジンピン）国家主席は党総書記として異例の3期目に入った。台湾統一へ武力行使の放棄を約束しないと明言した。

戦闘機や潜水艦、空母といった通常戦力に加え、先端技術を取り込む軍の「智能化」を掲げて軍民融合を急ぐのが特徴だ。

サイバーや無人機といった領域の戦力と火砲などの通常戦力の組み合わせはウクライナ侵攻でも重要性が浮き彫りになった。

政府・与党は同盟国との協力を重視する米国の「統合抑止戦略」を踏まえ、防衛大綱を米国と同形式の「国家防衛戦略」に衣替えした。「平和時の防衛力」から脱し、台湾有事に対処可能な戦略と装備へと転換をはかる機会となる。

◆台湾有事に「国交なし」の壁

中国が2022年8月に台湾周辺へ撃ち込んだ弾道ミサイルにより日本と台湾の安全保障面での隙が浮かび上がった。国交がない日本と台湾は政府間の公式ルートを持たない。

8月4日午後9時すぎ。「台湾本島上空を飛翔（ひしょう）したものと推定される」。防衛省は中国が弾道ミサイルを9発発射したのを確認したと発表した。うち4発が台湾上空を通過したとの分析をイラスト付きで伝えた。

これに台湾は驚いた。「ミサイルで爆破されないと真相を知ることができないのか」。日本メディアの報道直後からこんな不安や皮肉の声がSNS（交流サイト）上に広がった。

台湾の国防部（国防省）は現地時間の午後5時30分ごろにミサイル発射とおおまかな落下地点を公表していたものの、上空の通過には触れていなかった。

日本側の発表を受けて、台湾は午後11時すぎには「台湾の地上に危険がなくミサイルの飛行経路の公表を控えた」と説明した。日本が9発と指摘したのに対し台湾は11発と発射数にも違いがあった。

日本と台湾の対応のばらつきの背景にあるのが、日本と台湾の関係だ。日本は1972年

中国が2022年8月に発射した9発の弾道ミサイル（イメージ図）

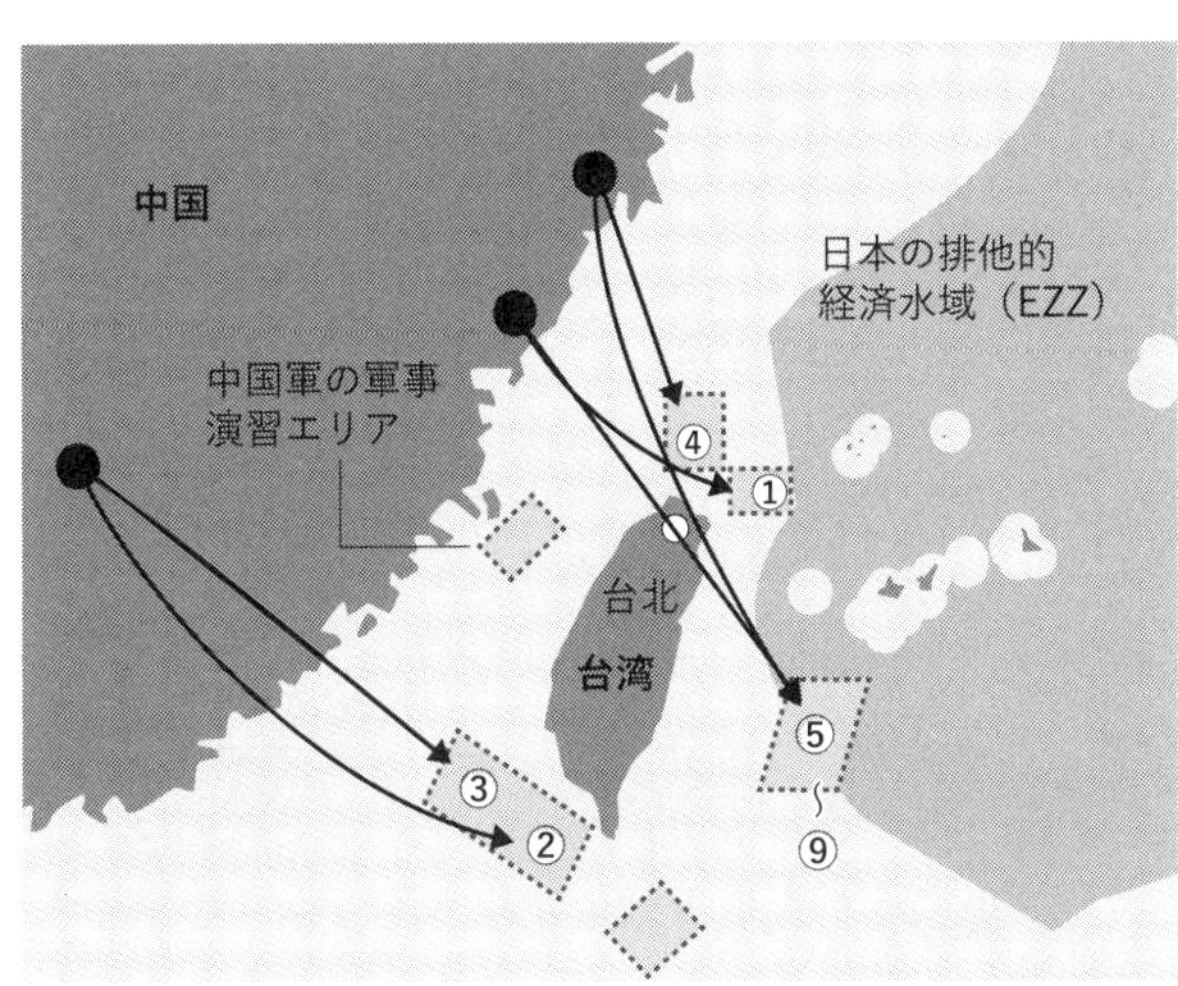

（注）防衛省の公表資料を基に作成

に中国と国交を正常化し、台湾と断交した。

政府間で公式に情報を連絡する手段はなく、公益財団法人「日本台湾交流協会」の台北事務所が事実上の大使館の業務を担う。同事務所には退職した自衛官を1人派遣するものの、突発的な情報の共有や戦略のすり合わせは困難だ。

中国は台湾を「核心的利益」と位置づけている。政府・与党内には防衛省の現職職員を送るべきだといった意見もあるが「日本が台湾を国とみなした」と中国が反発する公算が大きい。

台湾有事になると台湾の在留邦人お

よそ2万4000人を避難させる任務も生じる。台湾当局との具体的な計画なしには、自衛隊が持つC130輸送機を何度も現地に派遣して安全に輸送するのは難しい。

眼前に迫る安保上の脅威にどう対応したらいいのか。笹川平和財団の渡部恒雄上席研究員は「台湾と米国は情報をやりとりしており、日本にとっては米国と台湾の話をしっかりと詰めていくことが効果的だ」と指摘する。

米国は台湾と国交を持たないが、台湾関係法により台湾への安保上の関与を規定する。日本と台湾が協力できなくても、米国を経由した連携が可能だと渡部氏はみる。

米国は上院外交委員会で台湾を「主要な北大西洋条約機構（NATO）の同盟国に指定したかのように扱う」と明記する台湾政策法案を可決した。法案はその後修正され国防予算の大枠を定める国防権限法に盛り込まれた。

邦人退避ひとつをとっても日本はこれまで具体的な計画をつくってこなかった。国交がないという条件下でも取り得る対策を進めることが、抑止への一歩となる。

4 人材軽視の防衛省

◆ボロボロ隊舎で戦えますか

「寒冷地や標高の高いレーダーサイトの隊舎はエアコンを整備しない基準だった。エアコン整備を一気に進めるよう促したい」。元防衛相の河野太郎氏が2022年6月、ツイッターに投稿した。

自衛隊員が生活を送る隊舎に「冷暖房設備を整備する」と原則が変わったのは22年3月末だ。それまでエアコンがない施設があるのは一般的で、九州でも高地なら冷房はなかった。

隊舎そのものも傷みが激しい。陸上自衛隊東千歳駐屯地（北海道）の隊庁舎は築60年弱で、外壁のコンクリートが破損して崩れかけている。大地震があれば災害対応で出動する自衛隊自体が危険にさらされかねない。

防衛省が所有する建物の4割、9800棟程度は築40年以上だ。旧耐震基準の建物でその8割は耐用年数を過ぎている。

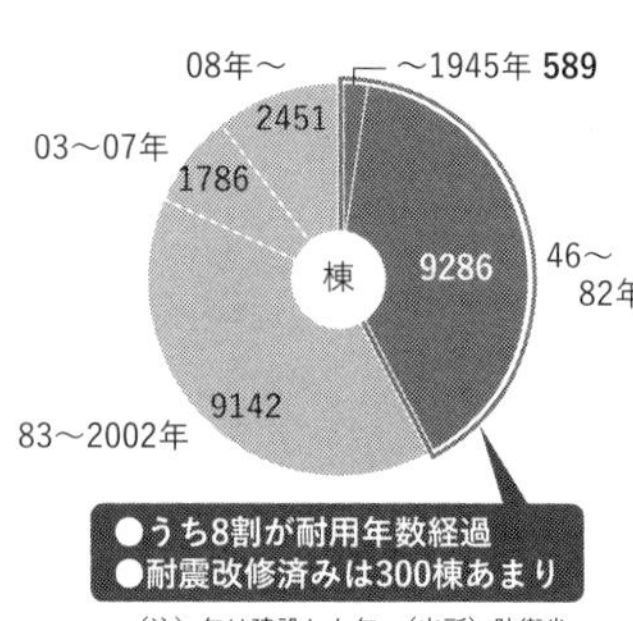

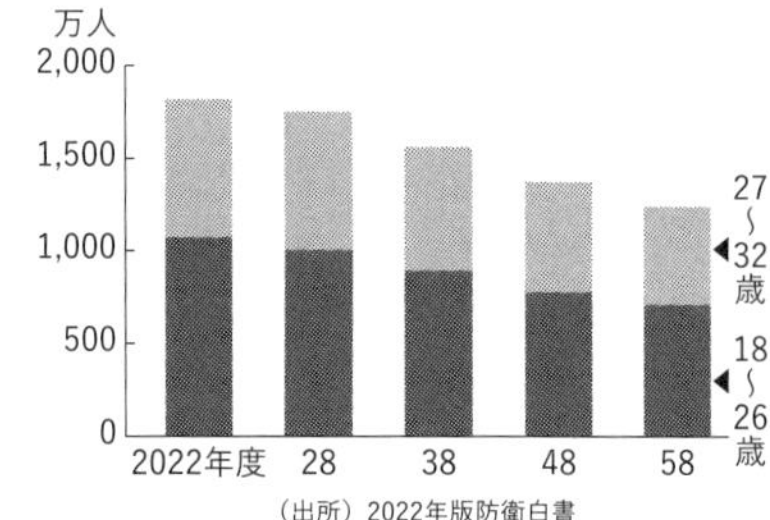

ひび割れ、腐食、雨漏り――。同省幹部は全国から寄せられた施設の写真を見て「全て最新にしたらそれだけで防衛費の増加分を使い切ってしまいそうだ」と漏らす。

18年にはトイレットペーパーを自衛隊員が自費で購入する話が国会で取り上げられた。調査によると陸自部隊の13・6％もいた。

当時の安倍晋三首相は「ただちに対応したい」と答えたものの「自腹」がなくなったと分かったのは20年度下半期の調査になってからだった。

演習や訓練などのために部隊が移動する場合、予算から高速道路料金が捻出できないことがある。一定の幹部以上でなければ、一般道を走ったり、目的地よりかなり手前のインターチェンジで降りたりして節約することがあるという。

在日米軍は日米地位協定に基づき、軍用車両が施設間を移動するときに有料道路を使う場合、支払いが免除される。自衛隊は災害派遣時などは無料だが、通常の移動や訓練目的では一般の人と同様に支払う。

陸自の自衛官は「活動に必要な予算すらなければ、隊員の士気に関わる。いざというときに力を発揮できる環境を整えてほしい」と訴える。

防衛費は戦闘機や艦艇などの大型で目を引く正面装備ばかりが注目されてきた。防衛省も自衛官の身の回りの備品や隊舎整備、移動費などに関する予算要求を諦めていた。

防衛省は18年に採用年齢の上限を26歳から32歳に上げた。それでも21年度の自衛官の定員24万7０００人に対する充足率は93％にとどまる。幹部ではなく現場で働く階級である「士」に限れば7割台まで落ちる。

自衛官の候補となる18～32歳の人口は今後も減り続ける。まず生活環境を整えなければ人材の確保は難しくなる一方だ。

◆早期定年のジレンマ

防衛の基盤となるのが自衛隊の人材確保だ。隊員数が定員を割り込んでおり、足元でも1万6千人ほど不足する。自衛官は警察官や海上保安庁の職員と比べても定年が早く、原則65歳の年金受給まで再就職して生活を維持する場合が目立つ。人事制度全体の再点検も防衛力強化に欠かせない。

「自衛官の待遇が警察や消防に比べても見劣りする」「いまの自衛隊の給与体系では優秀な人材が定着しない」。2022年9月28日に自民党本部で開かれた国防部会。出席議員から待遇面の懸念が相次いだ。

22年3月末時点の自衛官の定員は計24万7000人。実際の隊員数は23万754人で充足率は93％にとどまる。16年度には90・8％に落ち込み、18年に採用年齢の上限を26歳から32歳に引き上げた。

充足率を階級ごとに見ると若年層をひき付けられていない実態が浮かび上がる。3尉以上の「幹部」は93・7％で、幹部より低い「曹」は98・4％と全体の平均より高い。全体を押し下げているのは、下位の階級の「士」で79・8％と8割を割り込む。

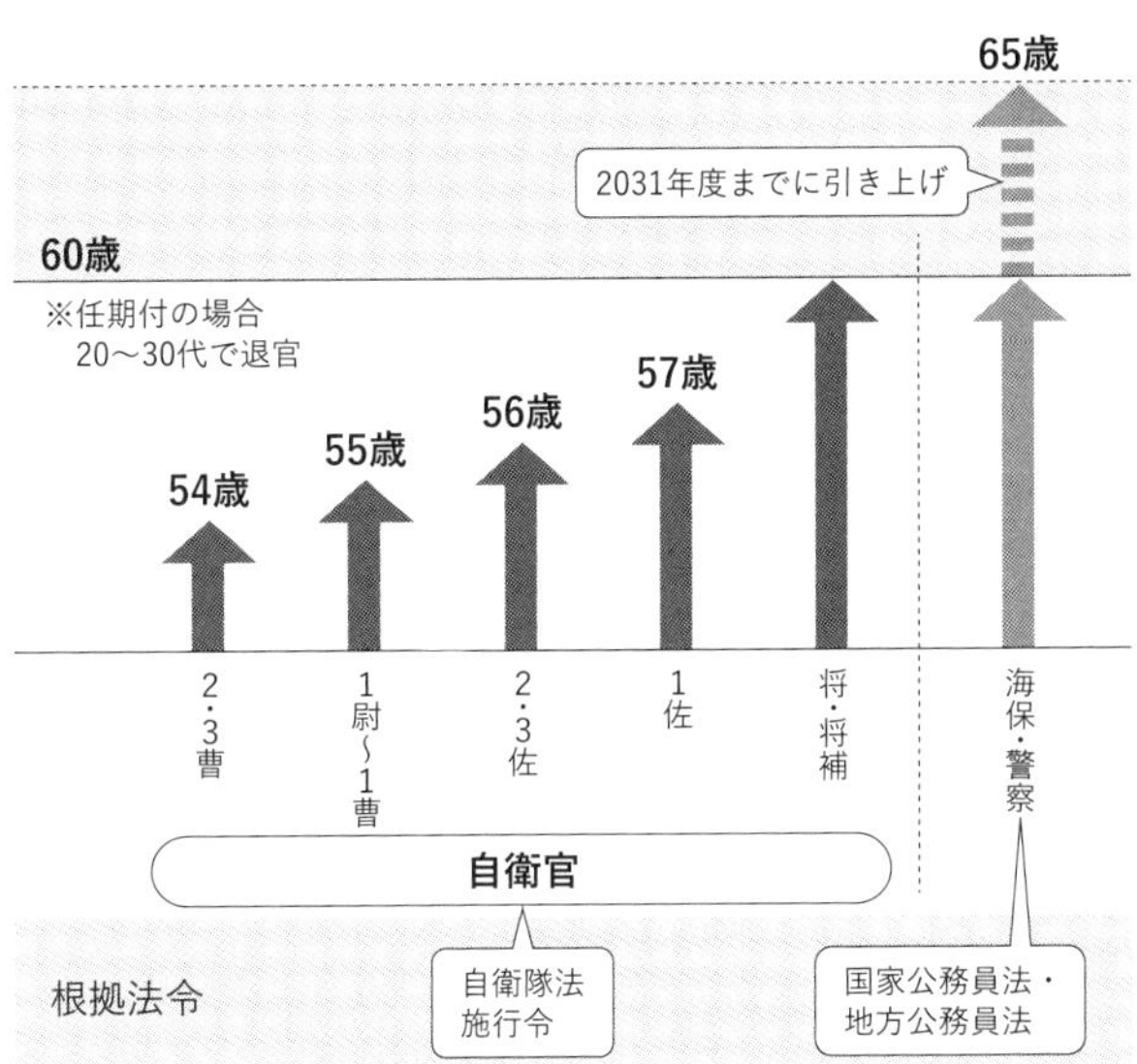

第一生命保険は1989年から全国の幼児・児童を対象に「大人になったらなりたいもの」を調査している。警察官や消防士は10位以内に入ることが多い一方で、自衛官が入ったことはない。

要因のひとつとみられるのが老朽化が目立つ隊舎などの待遇に加え、特有の人事制度だ。

自衛隊は「精強性の維持」との理由から「若年定年制」を導入する。階級によって定年の年齢を設定しており、将と将補は60歳でその下の1佐は57歳となる。2～3佐は56歳、1～3尉と准尉、曹長、1曹は55歳と続く。2～3曹は54歳だ。

隊員が苦悩するのが退職後の生活だ。退職時の退職金に加え、生活を補填する若年給付金が支給されるものの「地元などで再就職し、現役の収入を維持するのは難しい」（自衛隊幹部）という。年金を受給できるのは会社員・公務員と同じく65歳が原則となる。

こうした待遇は自衛隊が採用時に競合相手となる警察官や消防士、海上保安官とも開きがある。現在の定年は60歳で差があるうえ、国家公務員と地方公務員の定年を65歳に延ばす関連法が2021年に成立した。65歳まで勤めれば年金の受給年齢に達するようになる。

民間企業とも格差がある。高年齢者雇用安定法の改正で65歳までの雇用確保を企業の義務にした。70歳までの就業確保も努力義務とする。

給与面は2～3年の任期付きで高卒者が中心の「自衛官候補生」の入隊後3か月の初任給は14万2100円だ。19年の防衛省職員給与法改正で8600円引き上げられた。

厚生労働省の19年度「賃金構造基本統計調査」によると民間企業の高卒者が受け取る初任給の平均16万7000円よりも低い。海外では米軍に一般公務員とは別の軍人年金制度があり、原則20年以上の勤務で退役直後から給付を受けることができる。労働市場も流動的で再就職しやすく、日本とは環境が異なる。

◆相次ぐ年100万人規模の災害派遣

自衛隊は「主たる任務」と定める国防に加えて災害派遣を担ってきた。2018、19両年度は自衛官の災害派遣が連続して延べ100万人を超えた。自衛官23万人で平均すると1人当たり3カ月に1回のペースにあたる。世論が自衛隊に期待する役割としても災害対応が最も多い。

大規模災害時には被災者の捜索・救助や給水、物資の輸送などに自衛隊の力が欠かせない。防衛省によると1977年度から2021年度までのうち4つの年度で派遣規模が延べ100万人を上回った。最初は阪神・淡路大震災があった1994年度で残りの3回はこの10年ほどに集中する。気候変動などを背景に機会が増えているとみる。

東日本大震災の影響で2011年度は1000万人超に達した。西日本豪雨があった18年度、台風19号などの被害が出た19年度はともに100万人台だった。熊本地震が起きた16年度も85万人ほどが出動した。

自然災害にとどまらず20年度には新型コロナウイルスの感染拡大への対処にあたった。自治体の支援や空港の水際対策などでコロナ関連の派遣は1年間で97件にのぼった。

自衛隊の任務

任務	種類	主な内容
日本の防衛	主たる任務	自衛隊のみが果たせる日本を防衛するための防衛出動
公共の秩序維持	従たる任務	災害派遣や治安出動
重要影響事態への対応	従たる任務	放置すれば日本への武力攻撃に至る恐れがある事態などで米軍への後方支援
国際平和協力活動など	従たる任務	国連平和維持活動（PKO）への派遣

離島などから救急搬送の必要がある患者を運ぶ「急患輸送」も含め、災害派遣件数は12～21年度の10年間で年平均500件程度になる。1日1件を超すペースといえる。

世論は好意的に受け止めている。内閣府の18年の世論調査で「自衛隊に期待する役割」を複数回答で聞くと「災害派遣」が79・2％で最多だった。

日本経済新聞社が21年11～12月に実施した郵送世論調査で、63％が自衛隊を信頼できると答えた。「信頼できない」はわずか6％だった。入隊を志望した理由に被災地での自衛隊の活躍を挙げる自衛官もいる。

自衛隊法は3条で日本の防衛が自衛隊の「主たる任務」と定める。災害派遣は国連平和維持活動（ＰＫＯ）や重要影響事態への対応などとともに「従たる任務」と位置づけるが、いまや一大任務になっている。

防衛省は22年8月に初めて「気候変動対処戦略」を策定し

た。災害派遣によって訓練日数が足りなくなる恐れがあると指摘した。気候変動を安全保障上の問題としてとらえ、基地や防衛装備品など部隊運用の強靱性を高めるとうたった。

20年1月に当時の河野太郎防衛相は「大規模で長期間の災害派遣活動が著しく増えている」と語った。前年の台風15号と19号などの対処で「陸上自衛隊は部隊の練度の維持・向上に必要な訓練全体の1割を中止・縮小した」と説明した。

岸田文雄首相は22年8月10日、浜田靖一防衛相に防衛力強化に向けた7つの指示を出した。相次ぐ自然災害への対応はこの中に入っていないものの「必要に応じて迅速に災害派遣する」と付け加えた。国民の多数が期待する役割についてどう態勢を整えていくのか。自衛隊を巡る論点だ。

5　予算不足の装備品

◆防衛費1%の呪縛

日本の防衛費を半世紀ほど縛り続けてきた予算上限が2023年度予算で名実ともに撤廃される。1976年に三木内閣が「国民総生産（GNP）比1%」を決め、歴代内閣が国内総生産（GDP）比1%を目安に据えてきた。中国の脅威をはじめ安全保障環境の変化に対応できない要因となった。

2022年3月、神奈川県の横須賀基地。「期待は極めて大きい。性能を遺憾なく発揮してほしい」。当時の中曽根康隆防衛政務官は最新鋭の潜水艦「たいげい」の自衛艦旗授与式に臨んだ。「たいげい」の就役により日本の潜水艦は22隻態勢となった。中国による海洋進出や台湾有事の懸念に伴い潜水艦が担う海域は拡大しており、警戒監視の態勢整備が急務だった。

1%枠はその障壁となってきた。三木内閣が1%枠と同時に「防衛計画の大綱」を設け、

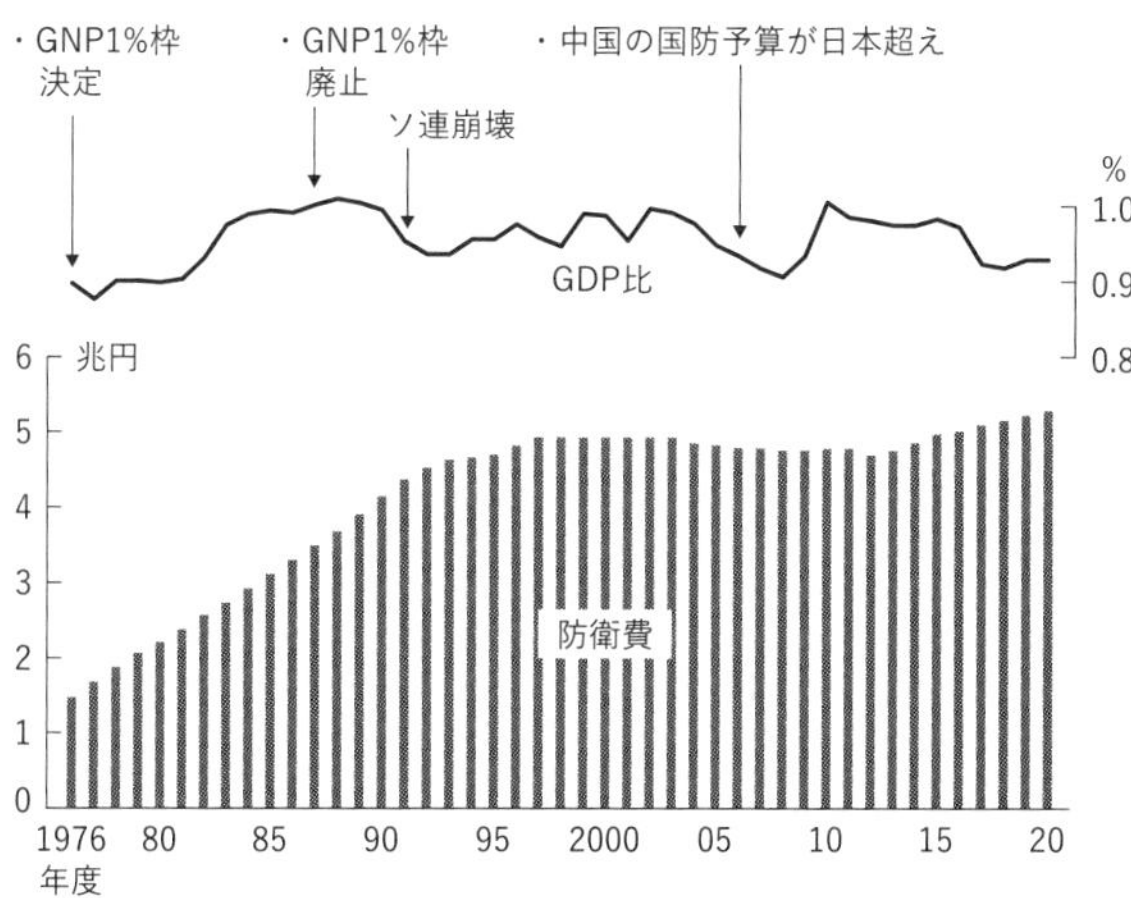

（注）防衛白書などを基に作成。93年度まではGNP比

「基盤的防衛力構想」の柱として潜水艦の16隻態勢を打ち出した。冷戦期の脅威だったソ連艦艇が日本周辺を通過するのを防ぐため宗谷、津軽海峡などに重点配備した。

中国の軍拡を背景に脅威は南西の海域に広がった。10年に菅直人内閣が22隻態勢への移行を表明したものの、予算枠の増額にはつながらなかった。

16隻態勢だった05～10年度予算を見ると、海上自衛隊は潜水艦を基本的に毎年1隻調達するために500億円台を計上していた。11年度予算以降でも毎年1隻建造の原則は変更されていない。

海自の幹部は「本来の耐用年数を延長

して使えば故障のリスクが大きくなる。維持整備の費用も足りない。万一の事態で割を食うのは現場だ」と打ち明ける。

ではなぜ日本政府は当時、硬直した予算編成を生んだ1％枠や防衛大綱を決めたのか。防衛費1％枠の源流は田中内閣に遡る。1976年に防衛大綱を定める直前まで防衛次官を務めた久保卓也氏が「平時には必要最小限の防衛力を保有すればよい」と唱えた。

60年代の終わりから70年代は米ソの間で軍縮協議が進展するなど世界情勢は冷戦の「雪解け」の時代を迎えていた。54年の自衛隊創設以来の安保闘争などで防衛費拡大への懸念も膨らんでおり、1％枠への空気が醸成されていた。

一方で76年からわずか3年後に方針は揺らぎ始めた。79年末のソ連によるアフガニスタン侵攻だ。米ソ関係が悪化し米国は日本に防衛力の増強を求めた。中曽根内閣は86年に1％の枠組み撤廃を決定した。

それでも一度決めたタガはいまにいたるまで外れることはなかった。米トランプ政権から防衛費の大幅増を求められた安倍内閣でさえ、補正予算で防衛費を計上し「当初予算ベースではＧＤＰ比1％」との姿勢を堅持した。

◆米戦闘機は「言い値」で買う

自衛隊の装備品の2割弱は海外から調達し、その大半を米国製に頼る。米国の「言い値」による購入を進めた結果、実質的なローンの残高が年間予算を上回るようになった。単純に予算を増やすだけでは米依存は解消せず国内産業も発展しない。企業と一体となった解決策が重要になる。

調達額が高い装備品の費用は複数年の「分割払い」にするのが一般的だ。調達額の大部分は次年度以降に予算計上する「後年度負担」になる。

2022年度の新たな後年度負担は2兆9022億円で過去最高になった。21年度以前の契約を含む支払残高は5兆8000億円ほど。22年度当初の防衛費の額を超す。

初めて当初予算を上回ったのは19年度だった。当時の安倍晋三首相がトランプ米大統領に米装備品の積極調達を約束し、ステルス戦闘機「F35」を105機追加購入すると決めた翌年にあたる。取得費は関連費用も含め3兆円を超えて「爆買い」と呼ばれた。

仮に防衛費を増やせば後年度負担の残高は減少に向かうのか。日本は自前技術で賄えない装備品の「米頼み」が続き、一概に減るとはいえない。

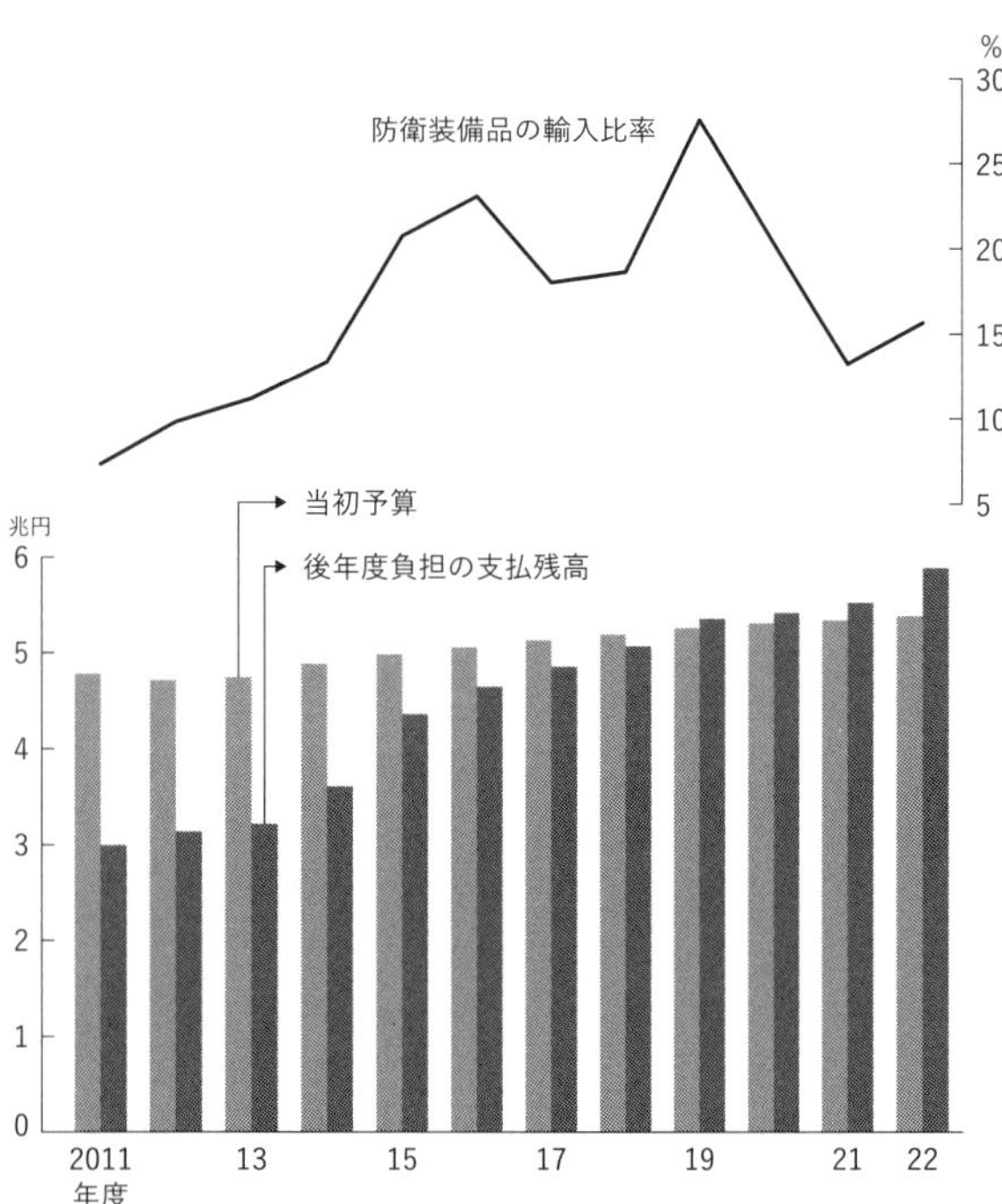

（注）防衛省の資料に基づく

▶防衛費を後年度負担の支払残高が上回る

▶後年度負担の総額は10年で倍近くに

▶装備品の輸入比率は2割弱、米製が大半

米国から高度な装備を調達する際には「対外有償軍事援助（ＦＭＳ）」の枠組みがある。米国の武器輸出管理法に基づき、商社や防衛企業でなく米政府と取引する。

日本は最先端装備を導入できる半面、米国が「言い値」で価格を決め、納入期限の変更や契約解除もできる。技術の核心部分は開示されない。

欧州諸国や韓国もＦＭＳを採用するが、日本は特に価格交渉の仕組みが未整備との指摘がある。

米国の納期が遅れる「未納入」や費用が見積価格を下回った際の過払い金の「未精算」もある。防衛装備庁の資料によると18年度末時点で未納入は１３２件（３２６億円分）、未精算は２６３件（４９３億円分）だった。

それでも日本は購入の手を止めない。安全保障環境の厳しさが増し、最新装備の重要性が一段と高まったためだ。早期警戒機「Ｅ２Ｄ」や無人偵察機「グローバルホーク」などを調達している。

22年度予算でＦＭＳの調達額は３７００億円を超えた。10年前の3倍程度の水準にあたる。解決策は何か。政府がとり始めたのが「米依存」の軽減だ。35年度の配備をめざす航空自衛隊の「次期戦闘機」は日米共同開発から英国、イタリアとも協力する方式に変更する。

もうひとつが国内産業との共存だ。日本には三菱重工業などの大企業から下請けまで装備品製造に関わる企業が1万社近くあるが、撤退例も相次ぐ。販売先が自衛隊に限られて採算があわない。

日本政府の「防衛装備移転三原則」は戦闘機などの大型装備品は共同開発国にしか渡せないと規定する。販売先が限られれば生産コストは上がる。そのために防衛産業の撤退が進めばますます米国製に依存せざるを得なくなる悪循環に陥る。

経団連は22年4月の提言で「防衛装備・技術の海外移転を実施する方針の策定を明記すべき」と主張した。政府・与党は23年中に移転三原則の運用指針を改定し海外移転をしやすい制度に改める方針だ。

◆建設国債が護衛艦建造に使えなかった理由

防衛費の増額は財源論と密接に絡む。公共事業などの財源となる建設国債はこれまで海上保安庁に使いながら、防衛費には認めてこなかった。

社会保障に用いる消費税のような特定の税財源も防衛費にはない。議論の論点となったのが建設国債の扱いだった。建設国債は道路や橋など、借金を返済する将来世代にも恩恵がある際に財政法が発行を認めるものだ。

赤字国債より発行のハードルは低く、海保の予算は増えた。

根拠となったのが財務省による建設国債の発行要件だ。将来世代が負担するのにふさわしい期間使えるという「耐用年数」がそれだ。

例えば海保の巡視船は海上救難や警備が目的で、持続して使える年数が比較的長いから適用する。一方で自衛隊の艦船に使えないのは攻撃を受けて破損するリスクがあり、長く使用できるとは限らないためだという。

小野寺五典元防衛相は2022年5月のテレビ番組でこの問題に言及した。「防衛予算は国債にはなじまないという話だが、海保の船は建設国債でつくる。もう少し普通に考えたほ

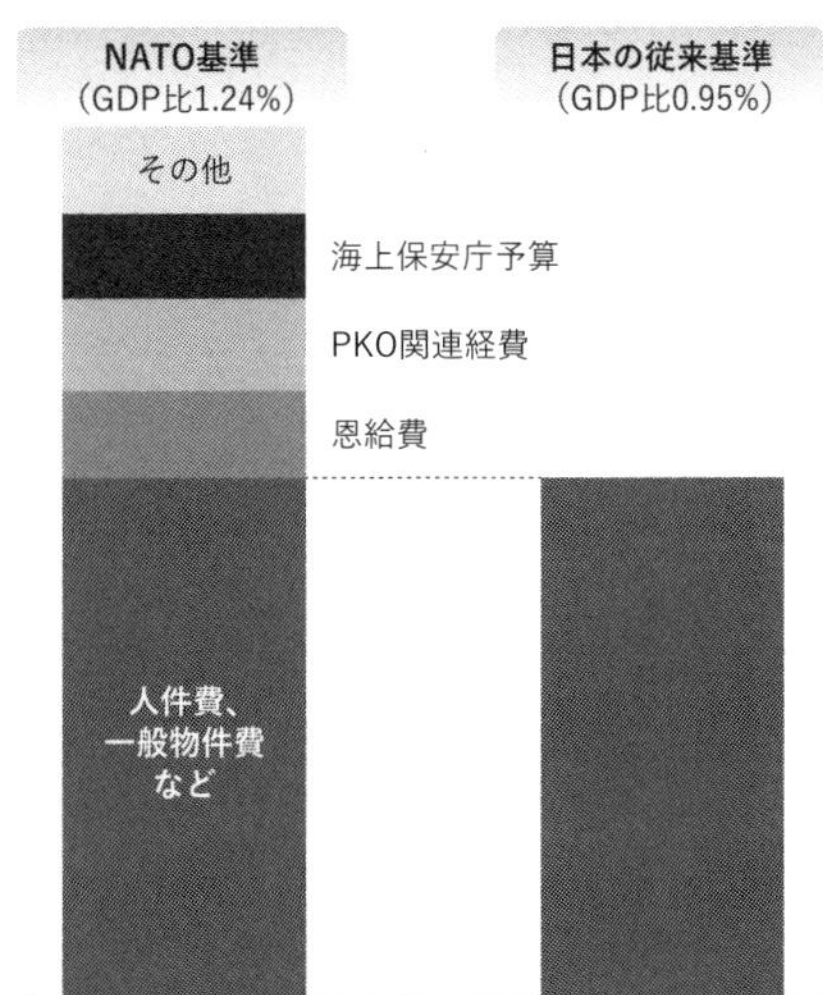

うがいい」と述べた。防衛技術から派生して民生の先端技術が生まれると指摘し、現状を疑問視した。

財務省は安保戦略の議論を通じ、方針を転換する姿勢を打ち出した。

23年度の予算案は初めて防衛費に建設国債を使った。過去最大の6兆6001億円（米軍再編関係費など除く）のうち建設国債で4343億円を手当てした。自衛隊の隊舎などの施設を整備したり、艦艇を建造したりする。

6 後回しの国民保護

◆シェルターは沖縄でも6施設

「身に迫る脅威を感じた」。2022年8月上旬、中国軍が日本の排他的経済水域（EEZ）を含む先島諸島周辺にミサイルを落としたとの報を受け、沖縄県・与那国島の漁師、玉城正満さん（26）は語った。着弾は漁場のわずか数十キロ先だった。

中山義隆石垣市長は7月、県に要請書を出していた。「離島自治体では住民避難の完了までに時間を要する可能性が高い」と記し、シェルターの整備などを求めた。石垣市と与那国町、竹富町による八重山市町会で文書をつくった。およそ5万人が住む地域だ。

法律はある。国民保護法は都道府県や政令指定都市にテロなどを想定した避難施設を指定するよう規定する。小中学校や公園などを定める例が多く、21年4月に全国で9万4125カ所ある。

そのうち安全性が高い地下施設は全体の1％の1278カ所だ。沖縄県に限ると沖縄本島

台湾有事の国民保護の課題

に6カ所あるものの、八重山地域にはない。

なぜ国も地方自治体も整備しないのか。石垣市の担当者は「八重山地域の離島には有事の避難に使える既存施設がない。新たに市町で独自に整備するのは財政的に厳しい」と話す。

内閣官房と消防庁の22年度の当初予算で国民保護法関連は6億円ほどだった。全国瞬時警報システム（Jアラート）の経費と避難訓練費が多く、シェルターの整備費はない。

各地で指定された地下施設は地下鉄駅など既存の建造物を使うものが多い。そうした施設が乏しい沖縄の離島では、初期投資が巨額になるため後回しになる。

避難方法も不明確だ。与那国町の糸数健一町長は「住民の島外への輸送は国や県にシミュレーションがない」と訴える。国士舘大の中林啓修准教授は八重山地域の住民らを民間交通機関で輸送すれば18日かかると試算した。

自衛隊が16機持つC130輸送機は1機で100人弱を運べる。16機すべてを16往復させて運べる人数だ。迅速に退避させるなら民間機がいる。

新型コロナウイルス禍の20年1~2月、政府は中国湖北省武漢市から邦人らを帰国させるため、5便のチャーター機を飛ばした。828人が帰国し8000万円ほどだった。1人10万円近くの計算になる。

機体を確保する日数や燃料価格、危険性などの条件は異なる。それでも台湾と八重山の計7万5000人の退避に武漢の例を当てはめるだけで75億円になる。

具体的な避難方法をまとめた文書の策定率は22年4月で全国が7割、沖縄県は2割だ。沖縄以外もミサイル攻撃や侵攻ではなく、テロへの対処が中心になる。「まず国が武力攻撃のモデルを示さないとつくれない」との意見がある。

国民保護法の施行から18年がたった。脅威が近づく中で準備は不十分だ。国民保護の予算や計画でも国が前面に出て自治体と調整する必要がある。

◆朝鮮半島有事で「4万人」退避できるか

北朝鮮が7回目の核実験に踏み切る懸念がくすぶっている。韓国との南北境界付近で射撃の応酬などを機に不測の事態に発展する恐れもある。

韓国の尹錫悦（ユン・ソンニョル）大統領は2022年10月25日、北朝鮮に関し「核実験の準備はすでに終えていると判断できる」と言明した。9月下旬以降は北朝鮮による戦術核の運用部隊の訓練と称した弾道ミサイル発射が相次いだ。多様なミサイルに核兵器を搭載できるよう核実験を強行し、小型化などの技術を進展させる思惑があるとみられる。

日本の対応は整っているのか。1994年、当時の米クリントン政権が北朝鮮の核施設を爆撃する計画を立て日本にも準備状況を伝えた。日本政府は慌てた。朝鮮半島にいる邦人をどう退避させるかという「非戦闘員退避活動（NEO）」の計画策定に着手した。

朝鮮半島の緊張が高まった段階で政府が渡航自粛や民間機での退避を促すのが基本だ。外務省によると21年10月時点で韓国に長期滞在と永住者で4万人規模の日本人がいる。観光客ら短期滞在者を含めれば数万人単位で膨らむ可能性もあり、輸送力の確保が要る。

急速に有事へ発展した場合、民間機の利用は難しくなる。政府内には米軍など多国籍の協力を得ながら避難する構想もある。最終的に空港・空軍基地や港湾から自衛隊の輸送機や輸送艦などで日本に逃れる段取りを描く。

ここで壁になるのが自衛隊派遣の法律だ。自衛隊法84条の3は自衛隊による在外邦人の保護に「当該外国の同意」が前提と定める。過去の歴史問題から韓国内では自衛隊派遣の受け入れに慎重な世論が根強い。

18年には韓国海軍が自衛隊機に火器管制レーダーを照射する事件も起こった。過去の遺恨は簡単には消えない。派遣には自衛隊の活動地域で韓国当局が公共の安全と秩序の維持にあたり、戦闘行為がおこなわれていないといった条件も満たさなければいけない。状況の正確な把握と迅速な判断が要求され、自衛隊部隊と韓国当局との連携が欠かせない。

自衛隊派遣には条件がある

▼自衛隊法84条の3（在外邦人などの保護措置）

- 防衛相が外相からの依頼で首相の承認を得て実施
- 外国当局が公共の安全と秩序の維持にあたり、戦闘行為がおこなわれていない
- 自衛隊派遣に当該外国が同意
- 部隊と外国当局との間の連携と協力の確保

TOPICS 北朝鮮、軍事拠点標的の戦術核開発 ＩＣＢＭは全米射程に

２０２２年版防衛白書は北朝鮮について「日本の安全に対する重大かつ差し迫った脅威」と言及した。低空を変則的な軌道で飛ぶ短距離弾道ミサイルなどの発射を繰り返しているとして「さらなる挑発行為も考えられる」と分析した。

金正恩（キム・ジョンウン）総書記が21年、軍事力の強化策のひとつに「戦術核兵器」を挙げたと紹介した。これまでは大陸間弾道ミサイル（ＩＣＢＭ）などに搭載し、相手国の都市などを標的にする威力の高い戦略核を開発しているとみられてきた。

戦術核は核兵器の出力を抑えて敵の軍事拠点や部隊などの攻撃を想定する。「使える核」とも呼ばれ核使用のハードルが下がるという見方がある。ウクライナに侵攻したロシアは戦術核の使用をちらつかせて関係国を威嚇した経緯がある。

核の運搬手段となるミサイルの開発も進めた。白書は22年4月に「新型戦術誘導兵器」と称するミサイル、19年以降は鉄道発射型や潜水艦発射型など多様な形態で短距離弾道ミサイル（ＳＲＢＭ）を撃ったと説明した。

最近の弾道ミサイル発射の特徴も列挙した。①長射程化②正確性や連続射撃能力などの向

北朝鮮の弾道ミサイル発射数（推定含む）

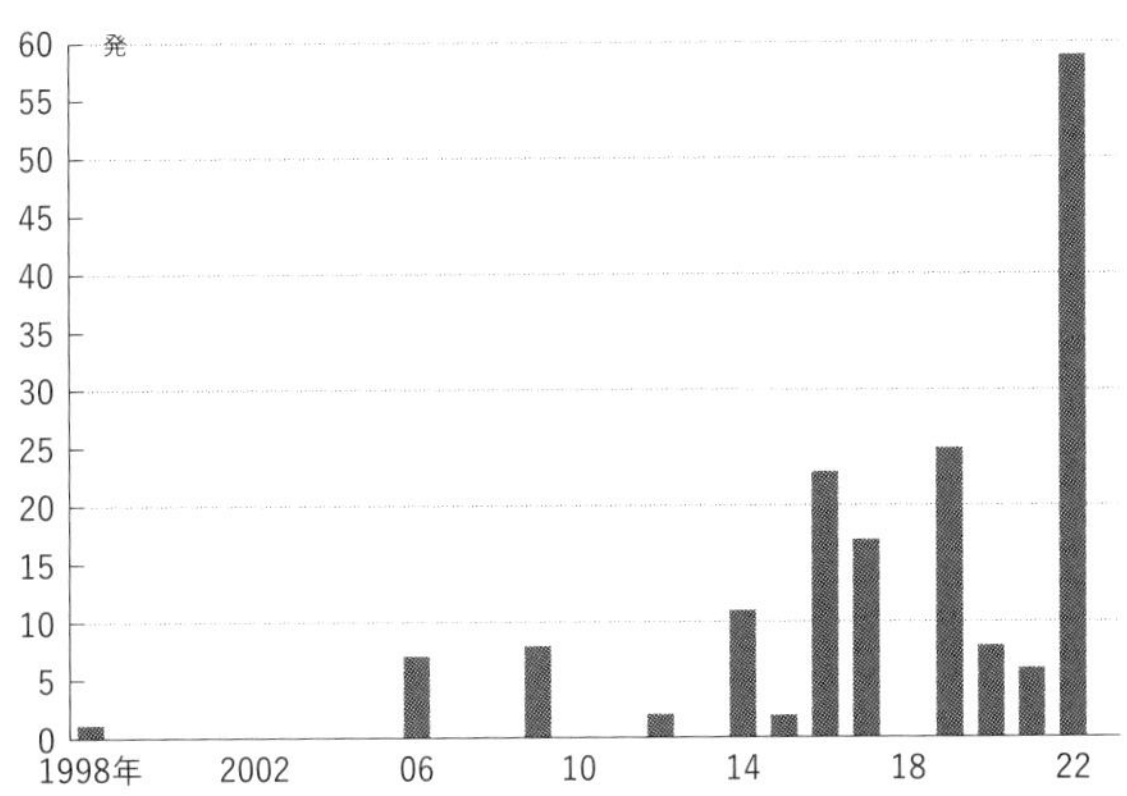

（出所）防衛省

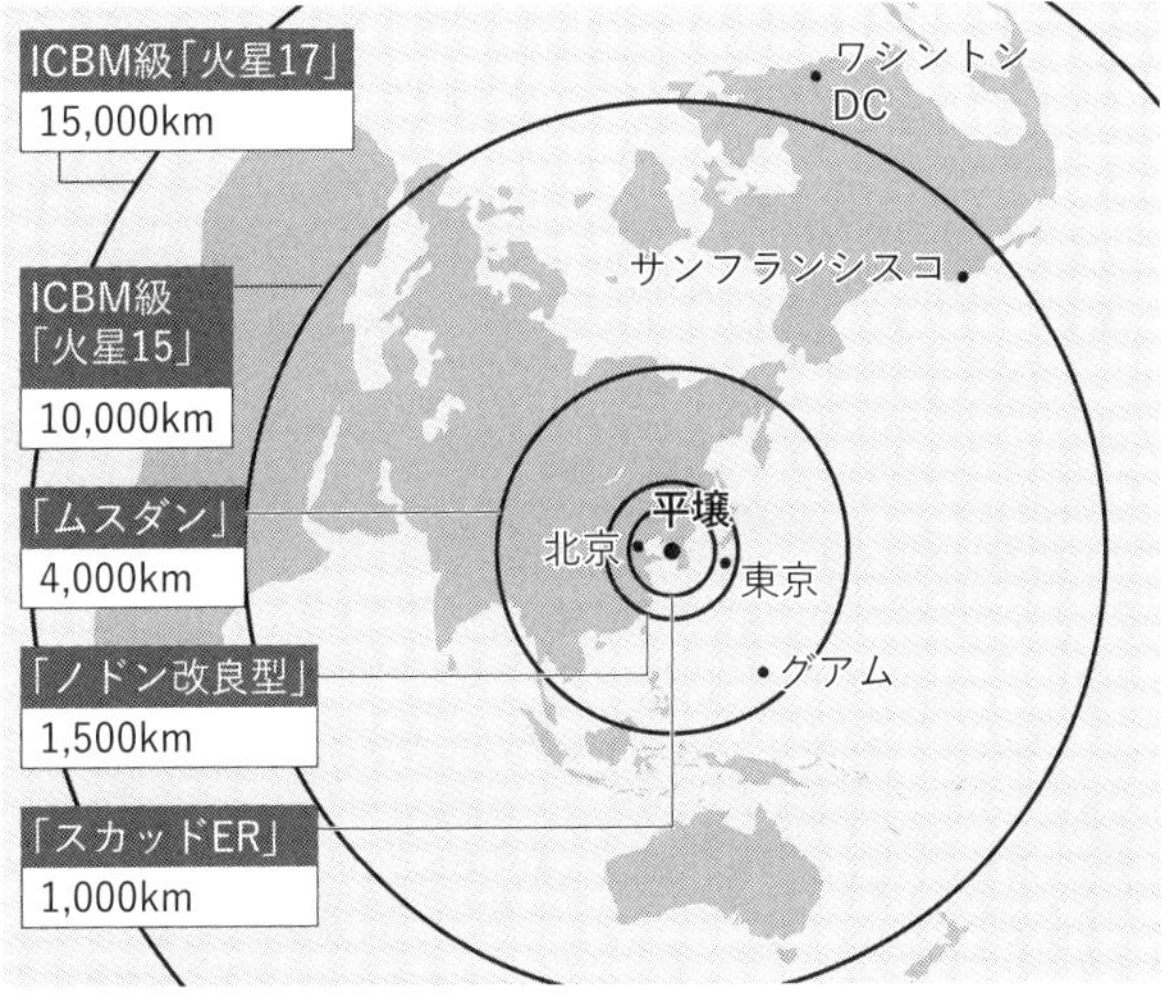

（注）2022年版防衛白書を基に作成

上③奇襲的な攻撃能力④低高度で変則的な軌道⑤発射形態の多様化――の5つだ。

長射程化を巡っては22年3月に発射したＩＣＢＭ級の射程が1万５０００キロメートルを超えうると記した。米国全土に届く。通常より高い角度で迎撃が困難になる「ロフテッド軌道」も目立つ。

防衛省によると北朝鮮は22年に推定を含めて59発以上の弾道ミサイルを撃った。年間の過去最多を記録した。

ミサイル技術が高まれば海上のイージス艦と地上の地対空誘導弾パトリオットミサイル（ＰＡＣ3）の二段構えでの迎撃は難しくなる。

政府は「反撃能力」の整備を進める。日本を攻撃すれば反撃されると思わせることで抑止力を高める。ほかに手段がない条件下では「自衛の範囲に含まれ、基地をたたくことは可能だ」と解説した。

7 置き去りの防衛産業

◆「失われた20年」と防衛費の関係

世界の軍事・防衛費の支出額で日本の順位低下が続く。20年ほど前まで2位だったのが2020年は9位に下がった。バブル崩壊後の経済低迷で「失われた20年」ともいわれた日本を他の主要国や新興国が相次ぎ追い抜いた。

冷戦終結後の1995年、日本は米国に次いで世界で2番目に防衛費が多かった。ストックホルム国際平和研究所（SIPRI）のデータをみると当時の日本の防衛費は499億ドルで世界全体の7％ほどに上った。

国際通貨基金（IMF）によるとこの年の日本の名目国内総生産（GDP）は5兆5千億ドルで、世界の18％を占めた。GDP比1％の目安がある日本の防衛費が同2・5％だったフランスの401億ドルや同2・9％を充てた英国の382億ドルを上回っていた。

旧ソ連崩壊後のロシアは軍事費が落ち込んでいた。95年時点は127億ドルで日本の2割

日本の防衛費の世界ランキングはGDPの世界シェアと連動して低下傾向にある

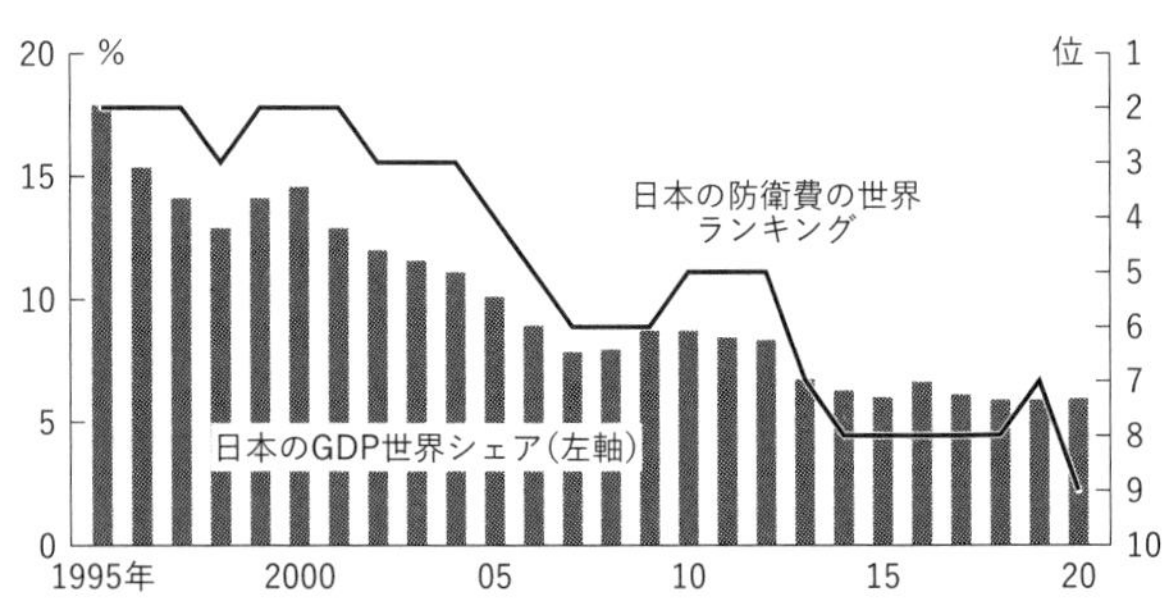

（注）防衛費の世界ランキングはストックホルム国際平和研究所（SIPRI）、GDP世界シェアはIMFのデータよりいずれも名目ドルベース

- 1990年代、日本の防衛費は世界で米国に次ぐ2位
- 経済の低成長と連動し中国やインドに抜かれ足元で9位に
- 防衛費をGDP比2%にすれば米国、中国に次ぐ3位に

強にとどまった。

日本はその後もおおむね2位を保ったものの、２０００年代初頭に英国に逆転されて3位になった。07年にはフランス、中国、ロシアより低い6位に下がった。10年以降にサウジアラビアやインド、ドイツに抜かれ、20年は9位だった。

日本の防衛費の絶対額が減ったわけではなく、他の国の軍事費が伸びた面が大きい。

日本の20年の防衛費は５１９億ドルで１９９５年からほぼ横ばいだ。歴代内閣がＧＤＰ比１％の目安を保ってきたため、低成長が低い防衛費の伸びに直結していた。

大きく増額したのは中国やインドなどだ。中国は2000年以降の20年ほどで10倍以上になった。インドは5倍、サウジは3倍に伸び、主要7カ国（G7）の英独仏も増えた。

SIPRIのデータによると、中国はGDP比を高めたわけではない。2%弱を維持している。この間に世界第2の経済大国になり、成長を背景に軍事費の伸びを実現した。

日本の防衛費は、どの程度の水準が適切か。「中国の3分の1以上、2分の1をやや下回る程度を安定的な抑止力確保のためのひとつの目安と考えることもできる」。防衛省のシンクタンクの防衛研究所は22年5月、「東アジア戦略概観2022」で提起した。

SIPRIの20年のデータに基づくと日本の防衛費は中国の5分の1ほどだ。GDP2%の水準なら中国の4割程度に拡大し「3分の1以上」を満たす。とはいえ「3分の1以上」を将来も維持するには防衛費の水準や成長のペースが他国と同等であることが条件となる。日本は21年でも成長率がG7で最も低く「失われた20年」から抜け出したとはいえない。

第一生命経済研究所の石附賢実氏は「GDPの何%を充てるかという議論に終始するのではなく、経済を伸ばす方策を真剣に検討する必要がある」と強調する。

◆防衛産業を縛る「移転三原則」とは

自衛隊が使う装備品の8割ほどは国内の防衛産業が供給する。企業なしには防衛力は成り立たない半面、企業にとっては「もうからない」のが悩みの種だ。半世紀ほど海外輸出に歯止めをかけてきた輸出規制が市場規模を狭め、活力を奪っている。

2022年4月、当時の岸信夫防衛相が三菱重工業やIHIなど防衛産業15社と開いた意見交換会。岸氏が「防衛産業は防衛力の一部でその強化なくして防衛力強化は成り立たない」と伝えると、企業側から「利益率を高める方法を考えてほしい」といった反応があがった。

日本の防衛産業は下請けまで含めると1万社近くが携わる。戦闘機は1000社、護衛艦は8000社程度が関与する。

1万社がこぞって目指すのが、21年度時点で1・8兆円ほどの国内市場だ。主な顧客は防衛省・自衛隊で、装備品を開発しても海外への輸出は難しい。自衛隊は最新式を求め米国など海外製品への依存も高めている。

その結果が利益率の低さだ。防衛装備庁が企業に装備品を発注する際は、原価に契約時点で平均8%程度の利益を上乗せするものの、その通りには利益があがらない。

日本企業は総売上高に占める防衛分野の比率が低い

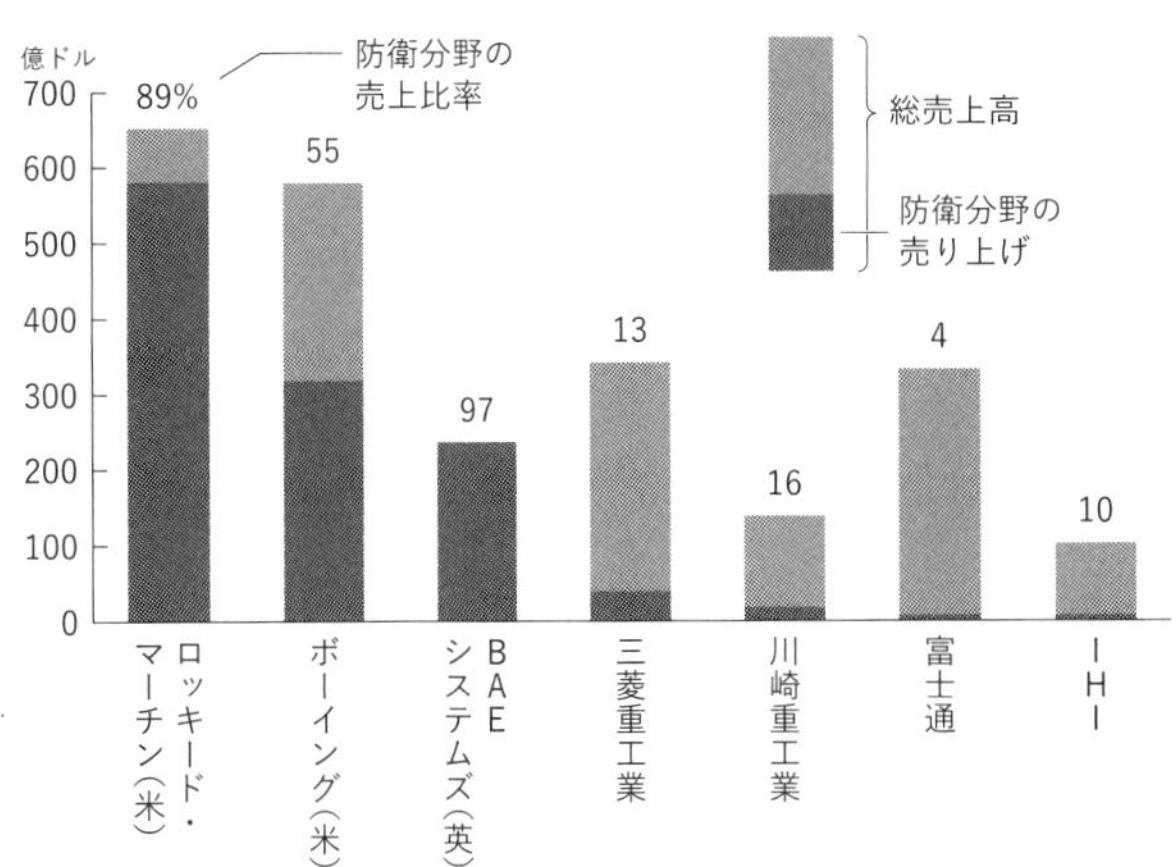

（注）SIPRI Fact Sheet 2021をもとに作成

装備品は契約から納入まで数年以上の製造期間がかかるものが多い。材料費の高騰や為替の影響によって納品後の利益率が2～3%まで目減りするケースも目立つ。米ロッキード・マーチンなど米国勢は10%を超える利益率をだしている。

総売上高に占める防衛部門の割合も米欧企業が5割を超える一方で、最大手の三菱重工業は13%にとどまる。川崎重工業は16%、富士通は4%ほどと他の事業で稼ぐ構図だ。

みずほリサーチ&テクノロジーズの小野亮氏は「防衛装備庁が設定する利益率自体は全産業平均の2倍ほどの水準だが、契約後の仕様変更やコスト増で実態としては低収益、低成長のマーケットと認識されている」と話す。

特殊な環境をもたらしたのが装備品輸出の規制だ。日本は戦前、艦艇や戦車といった武器を民間主導で輸出していた。戦後の平和憲法下で日本の武器製造は国内の防衛目的に限られ、海外輸出の流れも途絶えた。

制度として確立したのがベトナム戦争下にあった1967年だ。佐藤栄作首相が共産圏や国連決議で武器輸出が禁止された国などへの武器輸出を認めないと表明した。76年に三木武夫首相が「国際紛争を助長することを回避する」との理由で全面的に「慎む」とした政府見解を追加した。装備品本体に加え、製造技術や関連設備の供与も禁じた。

中国の軍事力拡大をうけ、安倍晋三政権が2014年に武器輸出三原則を「防衛装備移転三原則」に改めた。日本の安保に資する場合などの一定条件下で海外に完成品の輸出を認めたが、輸出が可能な装備は輸送、警戒、監視などの用途に限定された。完成品の輸出はいまだフィリピン向けのレーダー1件しかない。政府と防衛産業が期待するのが航空自衛隊の「次期戦闘機」の開発だ。英国・イタリアと共同開発した機体を海外に供与可能にし、市場を広げる構想を描く。他の産業から周回遅れのグローバル戦略となる。

第2章の記述には2022年12月に策定した国家安全保障戦略で新たな方針が示されたものもあります。日本の防衛の実像を記すため、改定前の予算やデータを残しました。

第 3 章

国家安保戦略を読み解く

国家安全保障戦略の改定は
歴史的転換点に位置づけられます。
どの課題が解消されて、
どんな問題が残ったのでしょうか。
安保戦略のポイントをまとめ、総点検します。

2022年から23年は日本の安全保障政策の転換期となった。政府は有識者会議、安保関連3文書、日米首脳会談と一連の機会を通じ連続的に新たな方針を打ち出した。第2章で浮かび上がった課題にどこまで迫ることができたのか。

第3章ではその進捗を点検する。3文書を読み解くとおおむね次の図のように整理できる。大きく前進した部分もあれば、財源や制度設計を待たなければいけない項目もある。取り組みに濃淡が出た。

点検・安保3文書 新たな方針と課題

凡例　○：前進　△：課題あり　×：進展乏しく

①現状認識	○中国リスクを初認定
②長射程ミサイル	○反撃能力を保有 △調達に時間
③防衛費	○GDP比2%に倍増 △財源に曖昧さ
④安保の縦割り	○公共インフラも活用 △海保協力は未知数
⑤自衛隊員の待遇	△具体策は途上
⑥装備品移転	○途上国にも供与 △制度設計これから
⑦日米の防衛戦略	○統合司令部を常設
⑧継戦能力	○弾薬の費用倍増 △調達に時間
⑨国民保護	△シェルター鈍く ×在外邦人の計画進まず
⑩サイバー防衛	○能動的防御を明記 △法整備2024年以降に
⑪宇宙・無人機	○攻撃型無人機を導入 ×宇宙は米国依存

1 点検・安保3文書

◆点検①現状認識～中国リスクを初認定

「最大の戦略的な挑戦」

政府は2022年12月、国家安全保障戦略を13年の策定以来初めて改定した。自民党と公明党の調整を経て、中国の動向に関し国際秩序への「これまでにない最大の戦略的な挑戦」と記すことで決着した。13年に策定した戦略は「懸念」にとどめており、表現を強めた。

日本は戦後、冷戦下などで米国に依存する防衛体制をとり、特定の脅威を想定した安保戦略を長らくつくってこなかった。1976年に決定した「基盤的防衛力構想」はその典型だった。脅威を認定せずに自衛隊の配置や装備、防衛費などを検討してきた。

中国が軍備費をこの30年で40倍ほど増やしても「米軍がかけつけてくる数週間さえ持てばいい」といった思想さえ底流に流れていた。

安保関連3文書は中国を明確な安全保障上の挑戦国とみなして、戦略、装備品調達、態

3文書の枠組みを刷新

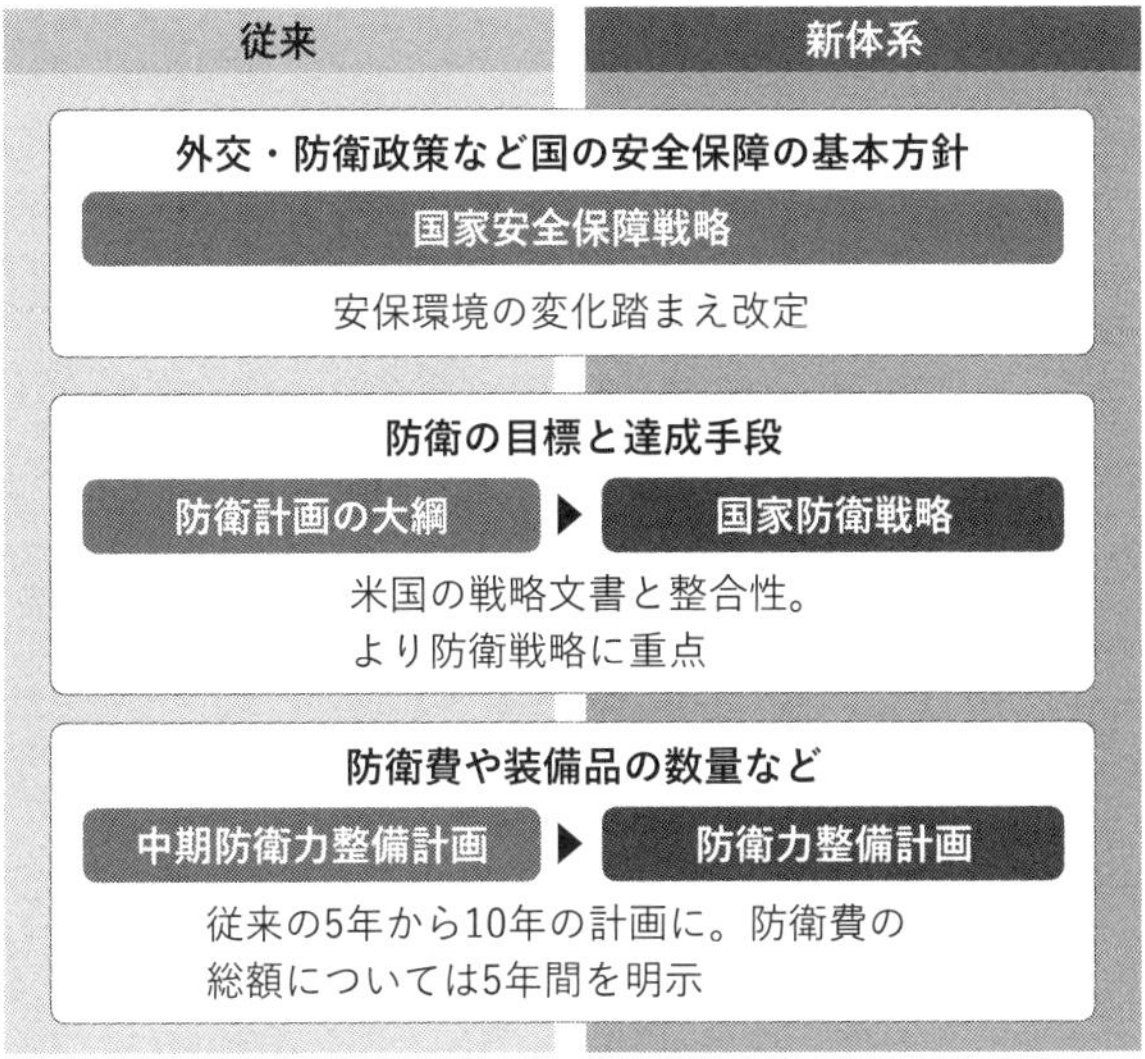

従来	新体系
外交・防衛政策など国の安全保障の基本方針	
国家安全保障戦略	
安保環境の変化踏まえ改定	
防衛の目標と達成手段	
防衛計画の大綱 ▶	国家防衛戦略
米国の戦略文書と整合性。より防衛戦略に重点	
防衛費や装備品の数量など	
中期防衛力整備計画 ▶	防衛力整備計画
従来の5年から10年の計画に。防衛費の総額については5年間を明示	

勢、作戦をつくる手法をとった。この点で安全保障に関する戦略文書は国際標準に一歩近づいた。

現状認識の内容も同盟国の米国と足並みをそろえた。米国が２０２２年10月に公表した国家安保戦略は中国を「米国の最も重要な地政学上の挑戦」と位置づけていた。日本も同じ「挑戦」を用いることで同盟国が認識を共有した。

３文書の構成も米国とそろえた。最上位文書にあたる国家安保戦略に加え、半世紀近く日本の防衛力整備を定めてきた「防衛計画の大綱」（防衛大綱）を「国家防衛戦略」に衣替えした。

防衛大綱は1976年以来、自衛隊のおおよそ10年間の運用計画などを示す文書と位置付けられてきたものの、半世紀近くの役割に終止符を打った。

防衛大綱に沿って5年分の主要装備の数量などを示す「中期防衛力整備計画」（中期防）も期間を10年に延ばし、名称を「防衛力整備計画」と改めた。

3文書の議論の過程では対中認識を巡って自民、公明両党で対立があった。自民党内には「脅威」という文言を使うべきだとの主張があり、中国への外交上の配慮を重視した公明党が慎重な立場をとっていた。

政府が当初、与党に示した国家防衛戦略の案には中国が日本の排他的経済水域（ＥＥＺ）内に撃った2022年8月のミサイル発射について「我が国および地域住民に脅威と受け止められた」という記述があった。自公両党は「脅威」を残しつつも「我が国および」を削除して日中関係との関連付けを薄めた。

◆点検②長射程ミサイル～反撃能力を保有／調達に時間

トマホーク26年度から

相手のミサイル発射拠点などをたたく「反撃能力」について初めて保有する立場を明確にした。米国製の巡航ミサイル「トマホーク」など1000キロメートルを超す射程のミサイルを調達し、中国や北朝鮮も届くようにする。取得時期は2026年度以降で、台湾有事の抑止力としては遅いとの指摘がある。

3文書は反撃能力について日本への弾道ミサイルなどの攻撃を防ぐのにやむを得ない範囲に限り、敵の艦艇や地上の軍事目標を打撃する方針を示した。行使の条件は「必要最小限度の自衛の措置」と記した。

具体的な手段としてより長い射程の「スタンド・オフ・ミサイル」を配備する。23年度からの5年間に契約ベースで5兆円程度を投じる。1000キロメートル超を飛ぶ性能があれば日本から発射して中国や北朝鮮の領域に届きうる。

日本がこれらを保有することで相手に攻撃を思いとどまらせる狙いがある。まず取り入れる装備のひとつがトマホーク400発だ。海上自衛隊のイージス艦から目標を攻撃する。

「反撃能力」の手段を保有する

	自衛隊が配備するミサイル	射程
現在	12式地対艦誘導弾（地上）	最大百数十キロメートル
	90式艦対艦誘導弾（艦艇）	
	03式中距離地対空誘導弾（地上）　など	
2026年度	「12式」能力向上型（地上）	1,000キロメートル超
	米国製「トマホーク」（艦艇）	
	島しょ防衛用高速滑空弾（地上）	
28年度	「12式」能力向上型（艦艇）	
30年代	「12式」能力向上型（航空機）	
	極超音速誘導弾（地上、潜水艦）	
	高速滑空弾能力向上型（地上）	

（注）カッコ内は想定する発射拠点

射程が1600キロメートル以上の最新型の購入を見込む。音速を下回る亜音速で低空飛行するため反撃対象に到達するまでに時間を要する半面、精密に誘導できる特徴がある。

国産の「12式地対艦誘導弾」の能力向上型も26年度に導入する。射程は従来型の百数十キロメートルから1000キロメートル超まで伸びる。

地上発射型を26年度に配備し、艦艇や航空機から撃つタイプもつくる。艦艇だけでなく地上目標にも反撃できる「万能型」の装備品と位置づけ、国内で量産できる体制を整える。

一方、配備が始まるのは26年度になる見通しだ。台湾有事は米国内で27年やそれよりも早い時期といった予測が出ている。自衛隊がトマホークを調達してから実戦で使えるようになるまでには訓練が必要で、一定の期間を要する。

早期に活用可能な状態にしなければ、中国が最優先の国家目標に掲げる台湾統一を思いとどまらせる要素になりえない。

極超音速滑空兵器（ＨＧＶ）や極超音速巡航ミサイル（ＨＣＭ）に相当する最新鋭装備はさらに取得が遅い。30年代に「極超音速誘導弾」や「島しょ防衛用高速滑空弾」能力向上型の運用を始める目標を立てた。

数字で深掘り

イージス艦8→10隻態勢に

日本のミサイル迎撃態勢は海上のイージス艦と陸上の地対空誘導弾パトリオットミサイルによる二段構えだ。イージス艦は敵のミサイルの動きを把握し大気圏外で撃ち落とす役割を担う。新たな防衛力整備計画は10年以内にいまの8隻を10隻へと増強すると打ち出した。

イージス艦は高性能レーダーで多数の標的を同時に捉えて迎撃できるシステムを搭載する。1993年に初めて「こんごう型」が就役し、2021年に最新の「まや型・はぐろ」が加わり8隻体制にした。

北朝鮮によるミサイル発射が相次ぎ、22年は過去最多を更新した。中国の軍事的脅威に対応する狙いもある。

政府は3文書で「反撃能力」の保有を明記した。ミサイルへの対処は日米で迎撃と反撃を一元的に運用する「統合防空ミサイル防衛（IAMD）」に切り替える。

最新鋭レーダー搭載の2隻も建造

「イージス・アショア」と同型のレーダーなどを載せた艦船2隻も投入する。同システムは

海上自衛隊の「こんごう型」イージス艦「ちょうかい」(左)

海上のミサイル迎撃態勢を強化する

	海上自衛隊の迎撃艦艇	隻数
現在	イージス艦（護衛艦型）	8隻
2027年度 28年度	イージス・システム搭載艦（イージス・アショアの代替艦）	それぞれ1隻建造、計2隻に
32年度まで	イージス艦（護衛艦型）	10隻体制に

地上配備型として20年に導入を断念した経緯があり、代替措置といえる。建造費などは5年で5300億円を見込み、既存のイージス艦と分けて「イージス・システム搭載艦」と呼ぶ。

防衛省は北朝鮮などが開発を進める新型ミサイルへの対応をこの2隻に期待する。通常より高い角度で打ち上げる「ロフテッド軌道」をはじめ従来より迎撃が難しくなっているためだ。レーダーにはロフテッド軌道にも対応可能な「SPY7」を取り入れる。迎撃には新型ミサイル「SM6」を採用する。射程を伸ばす「12式地対艦誘導弾」の能力向上型の搭載も視野に入れる。

数字で深掘り

極超音速弾、高度100キロ以下・音速5倍

3文書が必要性を訴えたのは極超音速ミサイルへの対処だ。中国やロシアを念頭に、関連技術が「飛躍的に向上」し「現実の脅威」だと強調した。既存の防衛網はあるものの「完全に対応することは難しくなりつつある」と指摘した。

極超音速ミサイルは①低高度②高速③変則軌道――といった特徴があるためだ。大気圏内の高度20～100キロメートルの低空域を音速の5倍以上の速さで飛ぶ。発射後に弾頭部が

分離して滑空し、標的に近づくと急角度で落ちる例がある。

飛行中に軌道を変える場合もある。大気圏外を放物線を描いて飛ぶ弾道ミサイルと異なり、軌道の予測がしにくく、撃ち落とすのが困難だ。

2段構えでは難しく

現在の日本のミサイル防衛は弾道ミサイルによる攻撃に対処する。海上から迎撃ミサイル「SM3」を発射して大気圏外で撃ち落とす。撃墜できなければ大気圏への再突入後に地上の地対空誘導弾パトリオットミサイル（PAC3）を撃つ。

北朝鮮が2022年1月に「極超音速の試験」と主張して発射したミサイルはこうした対処が困難なタイプだった。大気圏内を最高高度50キロメートルで飛び、水平方向に軌道を変えたことが確認された。

防衛省は極超音速ミサイルを撃ち落とす迎撃ミサイルの開発を進める。23年度から設計に入る。米国とも共同で研究する。迎撃には高速かつ低軌道の長距離飛行や、軌道変化に応じた旋回能力が必要になる。地球は丸いため低い高度で飛ぶミサイルは遠方の地上レーダーではとらえにくい。早く探知できるようにするため、多数の小型衛星を連携させてデータを処理する「衛星コンステレーション」も実用化をめざす。技術開発では日米で連携する予定だ。

◆点検③防衛費〜ＧＤＰ比２％に倍増／財源に曖昧さ

５年で43兆円規模へ

５年間の防衛費の総額を43兆円とし、２０２７年度に国内総生産（ＧＤＰ）比２％に増額する。防衛省単体の予算に加え研究開発や公共インフラへの投資など防衛省以外の予算も合算する。財源には年１兆円強の増税などを計画するものの、自民党の慎重論で法整備に至っていない。

防衛予算は22年度当初で５兆４０００億円ほどとＧＤＰ比で０・９６％だった。日本の防衛費は１９７６年以来、おおむね１％以内を目安としてきたためだ。厳しい安全保障環境にあわせ、固定的な予算の目安にとらわれなかった点は大きな前進といえる。

ロシアによるウクライナ侵攻後、北大西洋条約機構（ＮＡＴＯ）の加盟国は相次ぎ国防費を２％にすると表明した。21年度に１・３１％だったドイツも２％以上に引き上げる方針を示していた。

３文書に基づく新たな計画では５年計画の最終年度にあたる27年度に防衛費は22年度の２

防衛費の推移

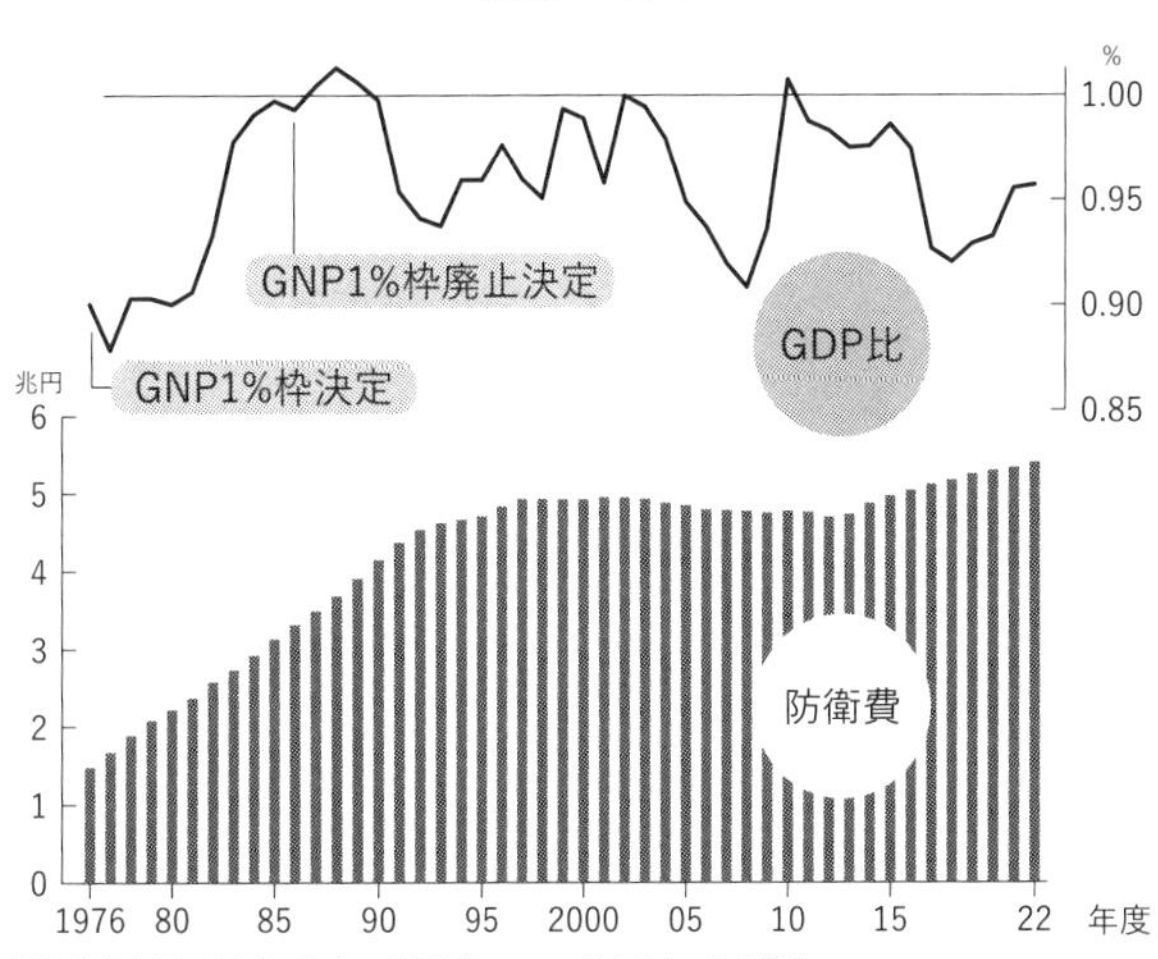

（注）防衛白書などを基に作成。当初予算ベース。93年度まではGNP比

倍超にあたる11兆円程度に達する。このうち自衛隊員の人件費や装備品の取得費など防衛省単体の予算は8兆9000億円を占める想定だ。長射程ミサイルや弾薬、維持整備費などを柱とする。

防衛省予算を増額したうえで、残りの2割にあたる2兆円規模は防衛省以外の経費とする。これまで防衛費は「防衛省単独の予算」だった。他省庁で安全保障に資する項目も取り込む構成とした。

一方で安定的な防衛費の増額に不可欠なはずの財源は、一部が先送りとなるなど不安が残った。

政府は必要となる財源の増加に①歳出改革（1兆円強）②決算剰余金

防衛費の2つの枠組みのイメージ

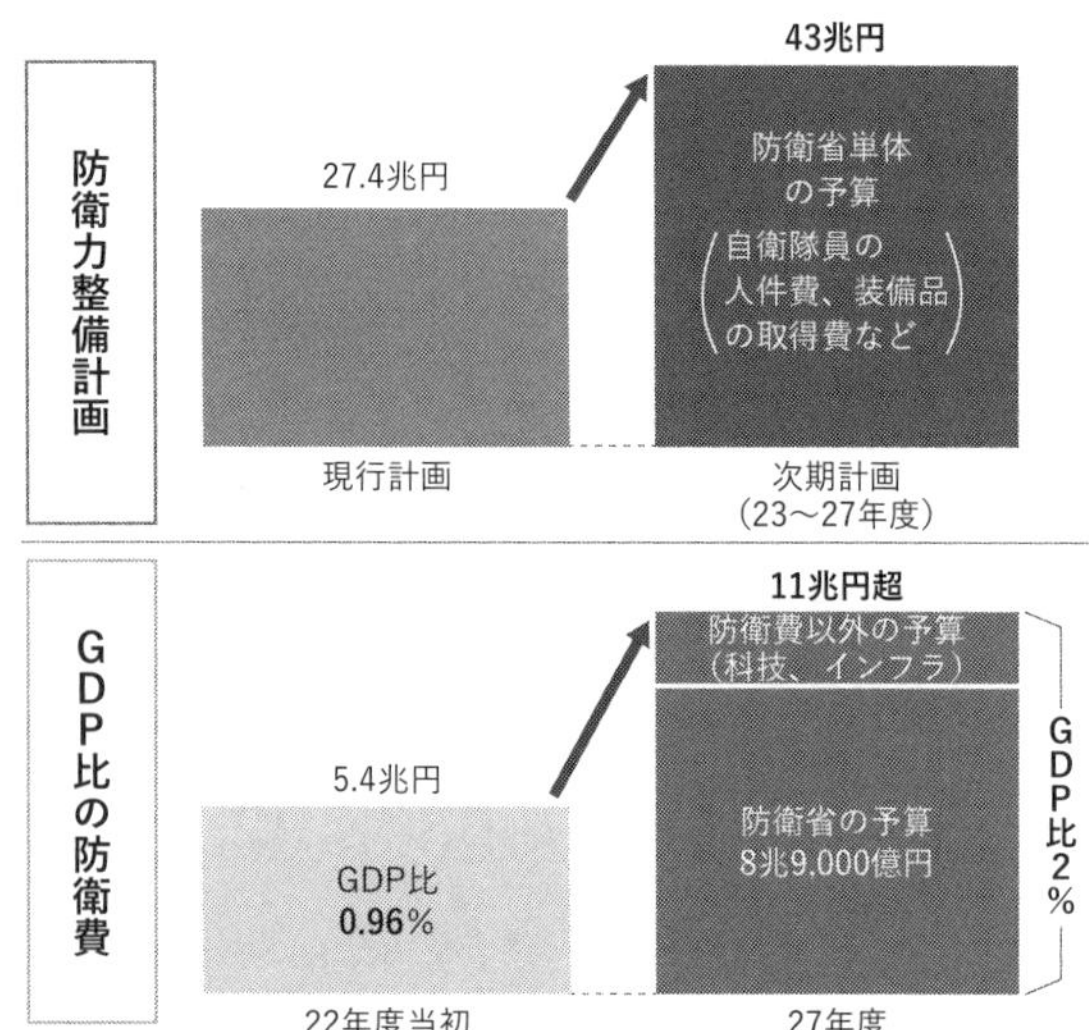

（7000億円程度）③税外収入（9000億円程度）④増税（1兆円強）――の4本柱で対応する。

23年度の与党税制改正大綱に法人、所得、たばこ各税の増税措置を示した。実施は「24年度以降の適切な時期」と曖昧な記述にとどめた。

原因は自民党内の慎重論だ。岸田文雄首相は22年末に歳出と財源を一体で決めると言及していたが、党内の反対で決められなかった。増税措置は27年度以降の継続的な税源に見込まれており、確保できなければ次の計画に影響を及ぼしかねない。

数字で深掘り　建設国債4000億円、自衛隊向けで初めて発行

政府は防衛費の財源を確保するため、初めて建設国債を使う。建設国債は主に公共事業の資金を手当てする目的で発行する。過去には海上保安庁の巡視船の調達に使った例はあるものの、防衛費には充てていなかった。

政府は2023年1月、国会に23年度予算案を提出した。防衛費は過去最大の6兆6001億円（米軍再編関係費など除く）に上る。建設国債で財源を手当てするのはそのうちの7％にあたる4343億円になる。自衛隊の隊舎などの施設を整備したり、艦艇を建造したりする。

建設国債を規定するのは財政法だ。将来世代にも恩恵がある公共事業などが対象で、道路や橋の整備といった目的に発行してきた。これまで自衛隊施設といったものは有事に損壊する恐れがある「消耗品」とみなし、財源の調達手段として認めなかった。

1966年、当時の福田赳夫蔵相は「防衛費は消耗的な性格を持つ。国債発行対象にすることは適当ではない」と答弁した。

海上保安庁の巡視船は対象になっており、与党から防衛予算に充当するよう求める声があ

防衛費増の財源確保のイメージ

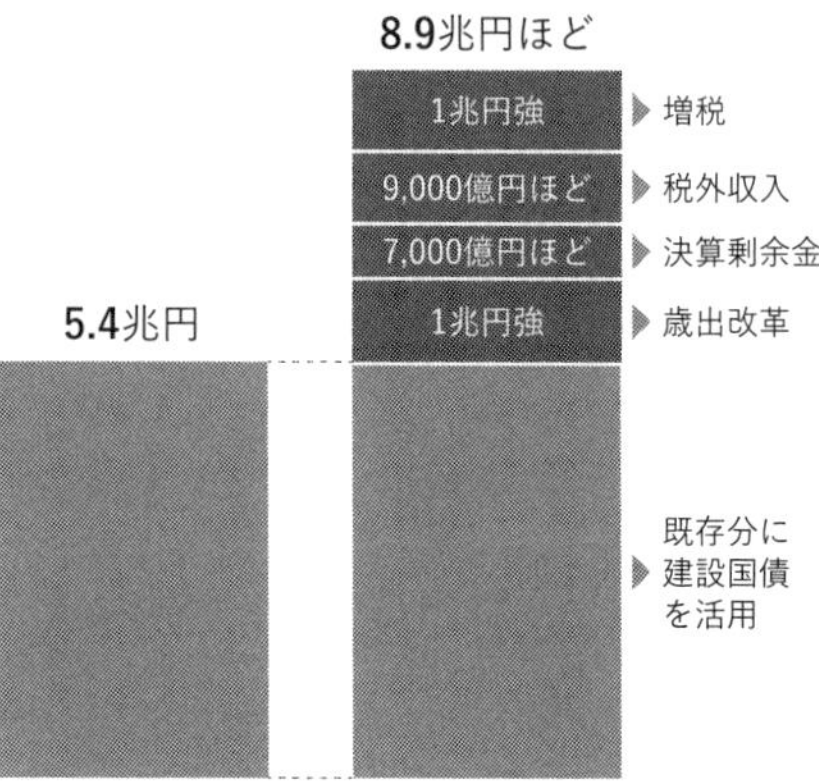

がっていた。

政府の防衛力強化に関する有識者会議では「自衛隊の隊舎など、防衛費から捻出するものには建設国債が充てられない」との問題提起もあった。防衛費の財源が不足するなか、政府・与党内の調整で建設国債の活用が決まった。

◆点検④安保の縦割り～公共インフラも活用／海保協力は未知数

防衛省以外も参画

防衛は防衛省・自衛隊が取り組む――。3文書はこんな安全保障の縦割り体質に初めて風穴をあけた。空港や港湾といった公共インフラを活用するほか、研究開発の予算も安保に振り向ける。他省庁からの協力をどこまで継続的にえられるのかが問われる。

安保の縦割り打破を提起したのは政府が設置した「国力としての防衛力を総合的に考える有識者会議」だ。2022年11月に提出した報告書で縦割りを廃し、政府全体で防衛力を底上げするよう要請した。

防衛省と海上保安庁以外の安保関連の予算をまとめる「総合的な防衛体制の強化に資する経費」を創設するよう求めた。

政府はこれを受けて①公共インフラ②科学技術研究③サイバー安全保障④同志国との国際協力――の4分野を新たな安保関連費と認定すると決めた。安全保障に資する公共インフラや研究開発について各府省庁に予算の要求段階で「特別枠」を認める。24年度予算の編成段階から導入して段階的に広げる。

沖縄の主な港湾・空港

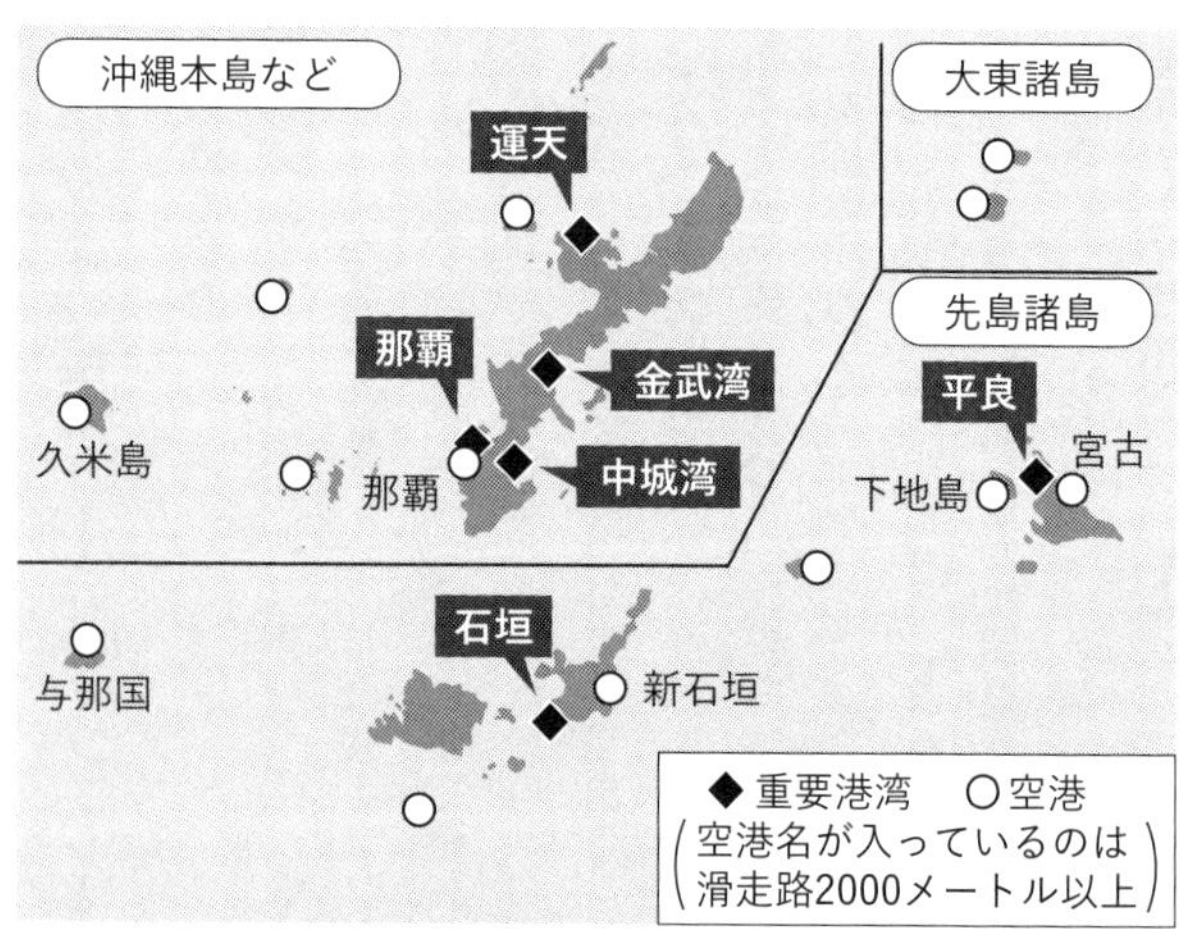

公共インフラに関しては防衛省や海上保安庁のニーズを踏まえた整備のための関係府省会議を設置する。

有事で部隊展開や住民避難などで利用を見込む空港や港湾を「特定重要拠点」に指定する。台湾有事で重要になる南西諸島の離島が念頭にある。自衛隊の艦艇や航空機が機動的に展開できる場所を増やす。

浜田靖一防衛相は「輸送手段が船舶や航空機に限られる先島諸島で部隊運用上の有用性が高いものもある」と強調する。いまは先島諸島で海上自衛隊の輸送艦が入れる港は石垣島の石垣港と宮古島の平良港の2つに絞られている。

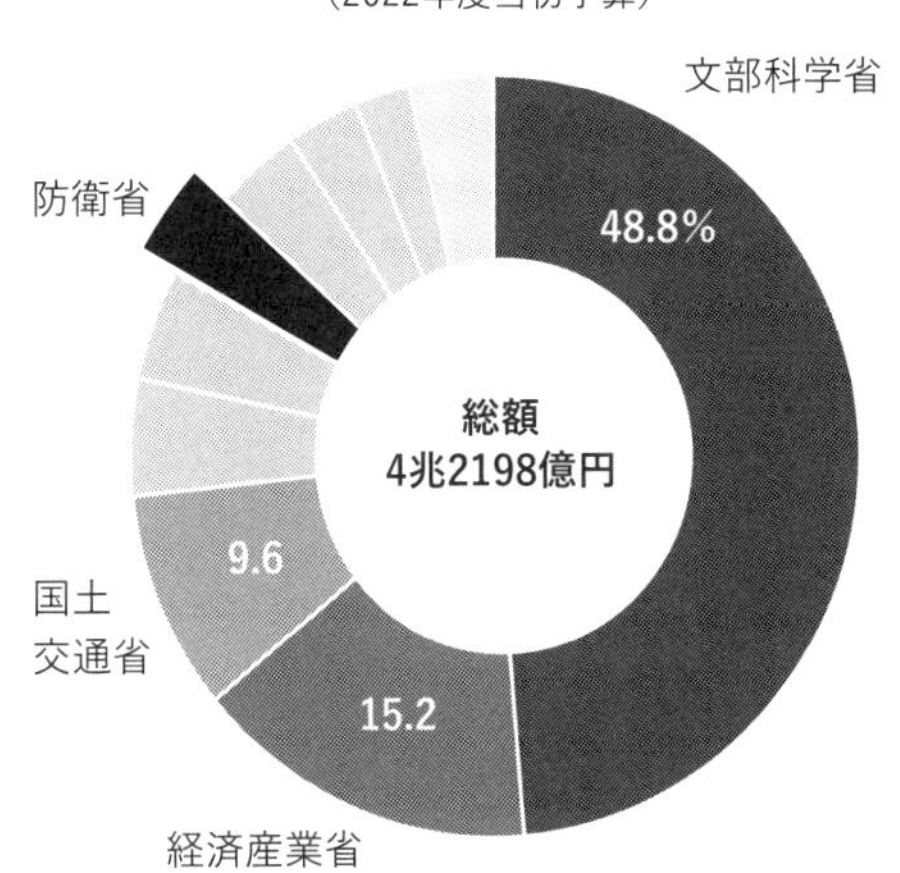

空港をみても沖縄県で自衛隊機が機種によらずに使えるのは事実上、航空自衛隊の拠点がある那覇空港（那覇市）だけだ。３０００メートル級の滑走路がある下地島空港（宮古島市）は沖縄返還前の取り決めで自衛隊機の使用を認めていない。

自民党内には那覇空港の２本の滑走路をつなぐ誘導路の増設を求める意見がある。機体を爆撃から防護する「掩体（えんたい）」の整備や場所の確保も課題になる。

科学技術の研究開発も活用を広げる。人工知能（ＡＩ）や量子といった先端分野に加え、民生と軍事用どちらにも使える「デュアルユース」技術を重視する。

有識者会議で「科学技術と防衛の担当省庁が遮断されている」との指摘が出ていた。

政府の科技政策の司令塔となる総合科学技術・イノベーション会議（CSTI）と国家安全保障局（NSS）や防衛省などが参加する会議を新設する。安全保障用途に活かせる技術の研究を支え、防衛装備品の開発に生かす。

防衛分野の技術開発を推進する新しい研究機関を24年度にも防衛省につくる。人工知能（AI）や無人機といった戦闘方法を一変させる可能性がある技術を民生用も含めて国主導で活用する拠点とする。

従来の日本の防衛費は縦割りの弊害が目立っていた。22年度予算の年4兆円超の科学技術予算のうち防衛省は4％にとどまり、優れた技術が安全保障に活用されていなかった。

海保は法改正見送り

自衛隊と海上保安庁との協力がどこまで進むのか未知数だ。

国家安保戦略で「自衛隊と海保の連携・協力の強化」を明記したものの、具体策は今後の検討に委ねた。

日本が攻撃を受けた「武力攻撃事態」を想定した「統制要領」の具体化を進める。共同訓練も実施し、海保が持つ大型無人機で収集する情報を自衛隊と即時に共有する枠組みも調整する。

一方、自民党の一部議員が唱えた海上保安庁法の改正は見送った。海上保安庁法25条は海保を「軍隊の機能を認めると解釈してはならない」と定義しており、装備充実や有事対応の妨げになっている面がある。いまの装備のままでは「有事には海保を戦域から退避させなければいけなくなる」（自衛隊幹部）といった意見が根強い。

台湾有事ではシーレーンや沖縄県の尖閣諸島の守りが肝になる。尖閣は平時、海保が警備にあたっている。グレーゾーンから有事に移行する場合は海上保安庁が中心の対処から始まるため、自衛隊と海保の協力が欠かせない。

自衛隊と海保の統制要領の策定が進んでこなかったのは、両者の関係の悪さが一因だった。統制要領をはじめとした両者の協力計画を実効性のあるものにしなければ、迫りくる有事のリスク要因となりかねない。

◆点検⑤自衛隊員の待遇～具体策は途上

老朽隊舎を改修、定年は引き上げ

有事に命を懸けて戦う唯一の公務員が自衛隊員だ。3文書は長期にわたる待遇の低さを反省し、改善策の全体像を示した。耐震化の水準にも達していない隊舎の改修や他省庁よりも早い定年の引き上げなどを盛った。具体的な予算措置までは決まっておらず、実行に移せるかが焦点となる。

24万7000人ほどの自衛官の定数に対して2022年3月末時点で1万6千人程度足りず、充足率は93％にとどまる。少子化により対象となる人員はさらに減るうえ、ロシアのウクライナ侵攻によって「希望者はさらに減るのでは」（自衛隊幹部）といった見方がある。

3文書にはまず「生活・勤務用備品の所要数の整備や老朽更新、日用品などの確実な確保」を明記した。防衛省が所有する建物の4割、9800棟程度は築40年以上で旧耐震基準の建物でその8割は耐用年数を過ぎている。住環境の改善を急ぐ。

報酬に関しても長期にわたって海上での生活を強いられる艦艇やレーダーサイトなどの適正な処遇をうたった。日本は潜水艦の精強さが知られているが、乗員の任務の厳しさを伴う。新たに保持する反撃能力を踏まえた処遇向上も記した。

他の公務員よりも早く定年を迎えるのに年金受給は原則65歳だ。3文書は「自衛官の退職後の生活基盤の確保は国の責務だ」と言及した。自衛官の定年年齢の引き上げを行うと約束し、再任用自衛官が従事できる業務を大幅に拡大すると強調した。

採用を増やすための措置も列挙した。予備自衛官の役割を増やして活躍の場を広げる。「抜本的に見直し体制強化を図る」と説明した。サイバー領域など従来とは異なる人材層も確保できるよう柔軟な採用・登用が可能となる新たな自衛官制度を構築すると言明した。

防衛省は23年2月、自衛隊の人材確保策などを話し合う有識者会議を立ち上げ、具体策の協議を始めた。夏までに浜田靖一防衛相への提言の提出をめざす。

浜田氏は記者会見で「これまで以上に民間の労働市場の動向や働き方に対する意識の変化といった社会全体の動きを踏まえて検討を進める必要がある」と指摘した。

5年間で43兆円という限られた予算でいかに待遇を向上させられるかがポイントとなる。従来は新たな装備品ばかりに資金を使い、人的投資が不十分だった反省がある。パワーハラスメントやセクシャルハラスメントの根絶といった組織内の風土改善もあわせて進めなければ「自衛官離れ」を招いてしまう。

◆点検⑥装備品移転～途上国にも供与／制度設計はこれから

3文書は防衛装備品の輸出ルールを定める「防衛装備移転三原則」の緩和を掲げた。企業が経営可能な制度とするよう急がなければいけない。

現行の制度は1976年の三木内閣で原型ができた。戦闘機などの攻撃型装備は共同開発国以外には輸出できなくなっている。3文書には「官民一体となって移転（輸出）を進める」と記した。

防衛産業に新たな補助金

国内の関連企業が海外進出しやすくするため「基金を創設し、必要に応じた企業支援をする」と明記した。防衛省は23年度予算案で基金創設に400億円を計上した。装備品を海外で使える仕様に変えるのにかかる経費などを対象に補助金を出す。

とりわけ念頭におくのが次期戦闘機だ。日本は35年の配備を目指し、英国やイタリアと次期戦闘機を共同開発する。3カ国で生産する戦闘機には日本の部品などが含まれるため、現行の三原則のままでは英国やイタリアが第三国に輸出する際の障害になりかねない。

国外への輸出を推し進める背景には国内の企業が防衛産業から相次ぎ撤退している現状が

日本が英国やイタリアと共同開発する次期戦闘機のイメージ

（英首相官邸提供）

ある。19年に自衛隊車両を開発していたコマツが、20年にパイロットの緊急脱出装置を製造していたダイセルが、21年には三井E＆S造船がそれぞれ事業をやめた。

問題の一つが利益率の低さだ。防衛装備庁が契約時に企業側に示す見込みの利益率は平均8％ほどとされる。納品の段階になると原材料費の高騰や為替変動の影響でそれが2〜3％に目減りすることが多いという。

新たに防衛装備品の調達に関して利益率を最大15％に上乗せする制度を導入する。10％の利益率を企業努力に応じて付与し、さらに調達コストの変動分として最大5％分を乗せて予定価格を算定する。

一方、自民党が連立を組む公明党の意向に

配慮し、防衛装備移転の制度設計は先送りした。日本は23年、主要7カ国（G7）の議長国を務めているが、ウクライナへの装備品の支援は防弾チョッキなどに限られる。

同盟国や友好国に質の高い装備品を移転することで地域全体の抑止力を強化することも欠かせない。韓国などは国をあげて輸出する体制をつくっており、日本のセールス態勢も整えなければ成果につながらない。

3文書は三原則とは別に新たに途上国への無償支援として装備品移転を推進する枠組みを提起した。これまでの途上国向けのODAは原則として民生分野に限り、軍が関与する案件は除外してきた。

新たな枠組みでは支援対象を「日本の安全保障にとって協力の意義がある友好国の軍」とする。協力案件としてレーダーの供与や軍民共用の空港や港湾、軍の病院などの補修・整備が候補にあがる。年内に第1号案件を策定し、数年かけて予算額を増やす。

途上国支援の枠組みを広げる

名称	分野	方針
ODA	インフラ整備など非軍事限定	大綱を改定し増額目指す
新設 安保能力強化支援	協力国の軍などが対象	2023年に第1号。段階的に拡大

◆点検⑦日米の防衛戦略～統合司令部を常設

戦略・作戦を擦り合わせ

厳しい東アジアの安全保障環境に対峙するには米軍との協力が最も重要な要素となる。3文書は米軍との調整を担う常設の「統合司令部」の創設を打ち出した。台湾有事の懸念の高まりを踏まえ、海上、航空両自衛隊の人員を手厚くする。「統合司令部」は陸海空3自衛隊の部隊運用を一元的に担う。トップに統合司令官を置き自衛隊全体の作戦指揮を統括する。

統合司令官とカウンターパートにあたる米軍の司令官との間で調整しやすくする狙いがある。これまでその機能を担ってきた自衛隊制服組トップの統合幕僚長が首相や防衛相の補佐などに専念できるようにする。

自衛隊が「反撃能力」を保有することになり、米軍が「矛（ほこ）」で自衛隊が「盾」という役割分担は変化する。

日米の司令部間で運用や作戦といった細部のすり合わせを進めることの重要性が高まっている。

米軍との連合司令部の創設には踏み込まなかった。日本は憲法9条で防衛力は自衛のため

自衛隊は統合司令部を創設する

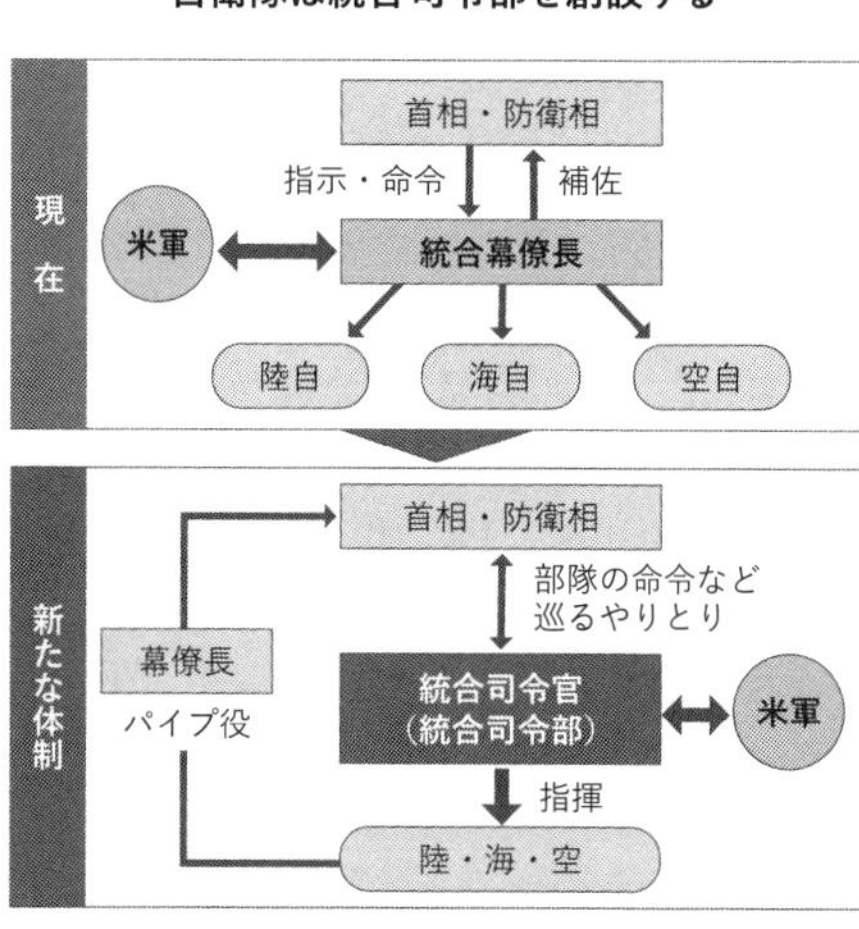

の必要最小限に限るとの立場をとる。米国の軍隊と一体と位置づけることは見送った。

　韓国では米韓連合軍司令部があり、北朝鮮と対峙する場合は在韓米軍司令官が作戦の統制権（指揮権）を持つ連合軍司令官を兼ねる。北大西洋条約機構（ＮＡＴＯ）も同様に有事の際は米軍に指揮を委ねる仕組みがある。

　陸自から海空自への人員のシフトも進める。２０２２年３月時点の自衛隊の定員は全体でおよそ24万７０００人だ。このうち15万人あまりを占める陸上自衛隊から２００００人規模を空自と海自などに振り分ける。

数字で深掘り

南西対応、14旅師団を機動部隊に

3文書は沖縄など南西方面の備えを強化する方針を示した。陸上自衛隊が沖縄県以外に置く計14の師団と旅団について、防衛力整備計画で「機動運用を基本とする」と明記した。

陸自には沖縄県に置く第15旅団を含めて全国15の師団・旅団がある。2018年に策定した防衛計画の大綱で機動運用すると掲げたのはこのうち8つだった。ほかの7つは地域の防衛に特化する「地域配備」と位置づけていた。

北海道から九州にかけての全師団・旅団に機動運用を広げるのに加え、第15旅団を師団に格上げする。第15旅団は沖縄の防衛や警備、災害派遣などを担っている。南西方面の緊急時にまず対処する存在で、台湾有事への懸念が拡充の背景にある。

陸自の師団新設はおよそ60年ぶりとなる。普通科連隊を1つから2つに増やし、指揮官の階級は陸将補から陸将に上げる見込みだ。

新たな師団と機動運用する師団・旅団の陸自全部隊が南西諸島の防衛可能な態勢を整える。従来は全体の60%で対処する算段だった。島しょ部への侵攻阻止に必要な部隊などを輸送できる能力も引き上げる。防衛力整備計画で「C2輸送機」6機や輸送船舶、ヘリコプ

沖縄以外の全14師団・旅団を機動運用する

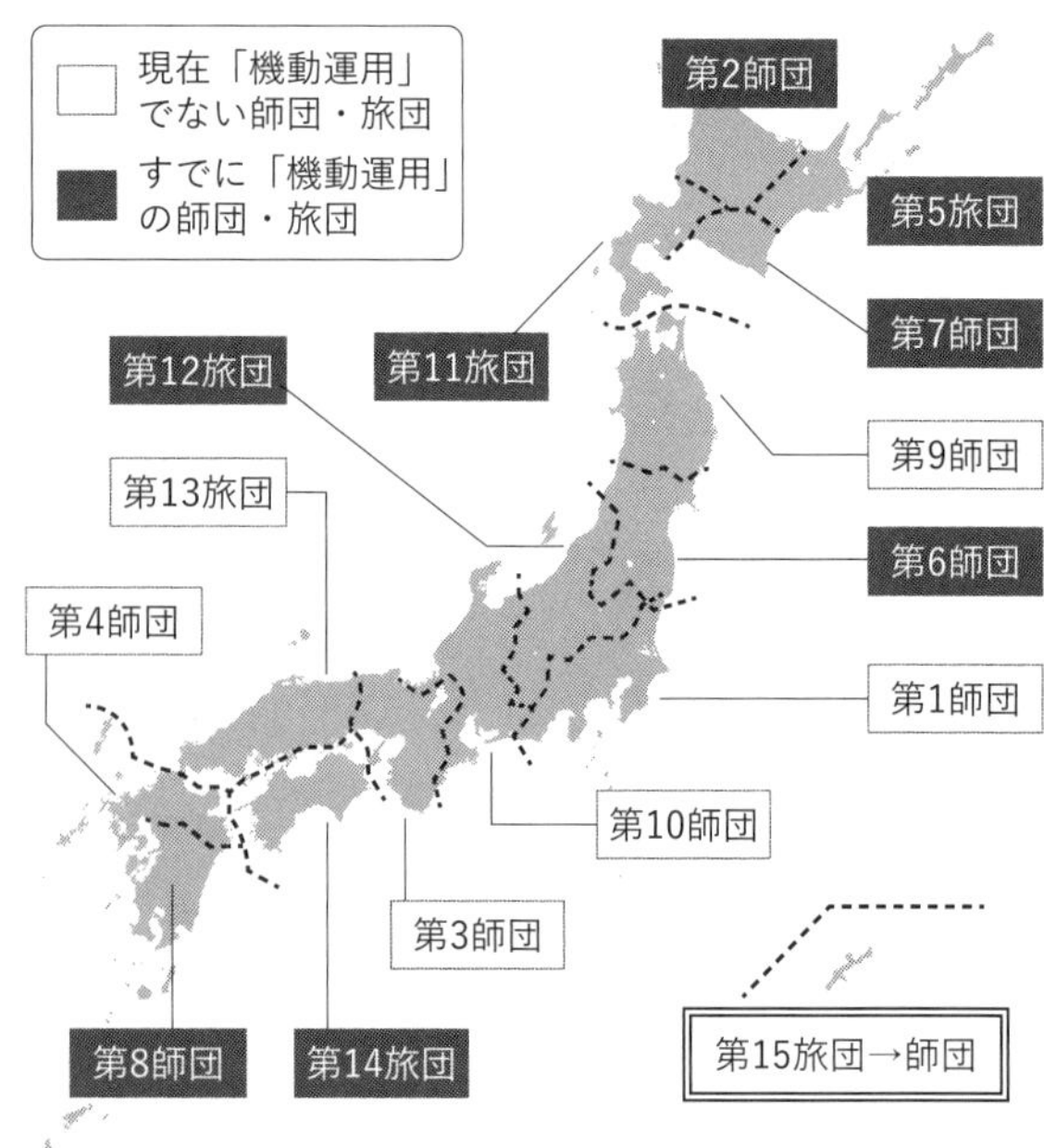

ター、空中給油・輸送機などの整備を盛り込んだ。機動展開能力・国民保護の分野全体で5年間に2兆円ほどを投じる計画だ。

島しょ部が集中する南西地域では空港・港湾施設などの利用可能な範囲を広げる方向も打ち出した。現在、南西諸島に最も近い陸自の補給処は佐賀県にある九州補給処だ。輸送能力の強化と並行してより近い場所に設けることも検討する。

◆点検⑧継戦能力～弾薬の費用倍増／調達に時間

戦闘機「共食い」を解消

ウクライナ侵攻が1年を超えても継続する事態を踏まえ、戦いを続ける「継戦能力」に重点投資した。5年分の防衛費の総額43兆円のうち3分の1ほどの15兆円を継戦能力の強化に充てる。弾薬庫の整備などには10年を要するものもあり「戦える態勢」となるには時間がかかる。

日本の防衛政策はこれまで戦闘機や艦艇といった正面装備の取得を優先してきた。継戦能力を重視するのは政府がようやく有事に対応可能な態勢をつくりあげようとしたことを意味する。

従来の予算配分では装備のメンテナンスや弾薬確保といった経費は不十分で、保有していても使えない装備が多いとの指摘があった。

戦闘機の部品が故障して足りない場合などは「共食い整備」が横行する。別の戦闘機から必要な部品を外して流用するやり方だ。航空自衛隊だけで年間3400件ほど事例がある。犠牲になる機体は稼働できず、有事が発生しても投入できない。

メンテナンスなどの維持整備費には最多の9兆円を計上する。装備品で使える状態を指す「稼働」は5割強にとどまり、部品の在庫不足や故障中による「非稼働」は3割弱に上る。残りは定期整備などで「整備中」だった。5年以内に非稼働を解消する。

施設の強靭化に4兆円

施設の強靱化には4兆円を充てた。全ての自衛隊施設で防護性能や耐震基準を満たすようにする。防衛省によると全国の自衛隊施設の8割近くはミサイルへの防護性能が不十分だった。全体の4割の施設は現行の耐震基準を満たしていない。改善には10年がかかる。

防衛省は2003年以降、機能や重要度に応じて自衛隊施設の防護性能の基準を設けた。全体の8割の施設が03年以前に建てられており、老朽化も進む。

NBC（核・生物・化学）兵器による化学物質の流入に耐えられるよう施設の密閉性を高めるといった整備が必要だ。

一部施設を地下に移す費用として0・2兆円を計上する。司令部や基地などが敵からの攻撃に耐え機能を維持できるようにする。ロシアからのミサイル攻撃を受けたウクライナでは人々が地下鉄の駅構内に避難した。

主要な基地・駐屯地では施設の再配置や集約も進める。施設が密集していると攻撃の標的となり一度にダメージを受ける可能性がある。施設間に一定の距離を確保することでミサイルなどの被害を最小限に抑える。

弾薬補充には2兆円を充てた。長射程の「スタンド・オフ・ミサイル」など、保有する予定の弾薬の格納を想定し、弾薬庫も増設する。現在は全国に1400棟ほどあるが、10年後をめどに陸上自衛隊でおよそ90棟、海上自衛隊で40棟ほどの計130棟程度を増やす。

弾薬庫は北海道に偏在している。台湾有事などを念頭に南西方面での有事に備え、弾薬庫の場所も分散する。

◆点検⑨国民保護〜シェルター整備鈍く／在外邦人の計画進まず

Jアラート不断に強化

有事で国民の生命をどう守るのか。3文書は国民保護の強化をうたったものの、具体策は乏しかった。自治体や韓国、台湾などの海外の国・地域との協力が欠かせない。

ウクライナで関心を集めたのが、住民が避難するシェルターの存在だ。冷戦期につくられたシェルターや地中深くにある地下鉄駅が住民の避難場所になった。台湾は10万5000カ所のシェルターを確保する。定住人口の3倍超を収容できる。日本はミサイルの爆風を防ぐ強固な建物を指定する「緊急一時避難施設」が22年4月時点で全国に5万2490カ所ある。このうち被害を防ぐ効果が高い地下施設は1591カ所にとどまる。

3文書では「武力攻撃事態などを念頭に置いた国民保護訓練の強化や様々な種類の避難施設を確保する」と記した。整備の目標や期限などは盛り込まれていない。自民党の石破茂氏は23年2月、国会審議で岸田文雄首相に「整備がどうしても必要だ」と迫った。

さらに重要なのが在外邦人への対応策だ。台湾の2万4000人ほど、韓国の4万人超の日本人を有事に退避させる計画や輸送力が不可欠となる。

3文書は海外で有事が発生した場合の対応について「外交当局と緊密に連携して、在外邦人などを迅速かつ的確に保護し輸送する」と言及した。

とはいえ、国交のない台湾からの退避や韓国への自衛隊派遣には壁がある。個別案件の進捗は鈍い。台湾有事に直面した際、中国の在留邦人の対応も難題となる。

国内では南西諸島や沖縄本島の避難が課題だ。政府は23年3月に先島諸島などを対象に避難を想定して図上訓練をしたが、10万人規模の住民の輸送手段を確保しなければいけない。3文書は民間船舶や航空機の活用を進めるとうたった。

北朝鮮などのミサイルが飛来した場合に国民に危険を伝える全国瞬時警報システム（Jアラート）の整備も欠かせない。3文書は「不断に強化する」と記した。

22年11月に北朝鮮が弾道ミサイルを発射した際、Jアラートは「ミサイルは日本上空を通過したとみられる」と伝えた。実際は通過しておらず、その後に訂正した。10月はミサイルの通過とほぼ同時にJアラートが作動した。住民は「建物のなか、または地下に避難してください」とのメッセージを受け取ったものの、逃げ込む時間的な余裕はなかった。年末に作動までの時間を短縮するなどの手当てを実施した。

◆点検⑩サイバー防衛～能動的防御を明記／法整備は24年以降に

ロシアによるウクライナ侵攻では物理攻撃とサイバーを併用する「現代戦」の姿が明らかになった。日本のサイバー防衛に関する法整備が進んでおらず、先進国で最低レベルにとどまる。

自衛隊サイバー人材は４０００人

「マイナーリーグ」とも形容された日本のサイバー防衛のテコ入れに踏み出す。これまで「専守防衛」を徹底していたサイバー空間で兆候段階でも不審な通信などから攻撃元を探知したり事前にたたいたりする「能動的サイバー防御」を導入する。

いまはサイバー攻撃への対処に制約がある。日本が武力攻撃を受け自衛隊に防衛出動などが発令されない限り、攻撃の兆候だけを理由に相手のシステムを監視したり、侵入・反撃したりするのは難しい。

憲法9条の専守防衛や21条の通信の秘密、不正アクセス禁止法といった現在の法体系に抵触するおそれがあるからだ。

政府は新たな法整備を進め、攻撃元のシステムに反撃して無力化できるよう必要な権限を政府に付与する検討に乗り出す。

ただ法整備には時間がかかる見込みだ。2023年に有識者などを交えて議論するものの、電気通信事業法や不正アクセス禁止法や刑法など幅広い法律と関連する。関連法が施行されるのは24年以降になるとみられる。

人材面の育成も課題となる。自衛隊のサイバー専門部隊は890人程度で中国の17万5000人、北朝鮮の7000人と比べると人数面での劣勢が目立っていた。自衛隊の専門人材は27年度までに現在の4倍以上の4000人ほどに増やす。関連人材も含めると2万人に拡大する。

陸上自衛隊の通信学校（神奈川県横須賀市）を「陸自システム通信・サイバー学校」に改編し、人材を育成する。

政府内の体制も新設する。司令塔役として内閣官房に「サイバー安保を一元的に総合調整する新たな組織を設置する」とも盛り込んだ。従来、防衛省・自衛隊のシステムに限っていた自衛隊の防護対象を防衛産業などの民間にも広げる。

◆点検⑪宇宙・無人機～攻撃型無人機を導入／宇宙は米国依存

航空宇宙自衛隊に改称

ウクライナ侵攻で重要性が再認識されたのが宇宙領域だ。情報通信や偵察、ミサイル発射などは人工衛星の情報が欠かせない。中国とロシアは他国の人工衛星を攻撃して妨害する「キラー衛星」を開発しているとの分析がある。国境の概念がない宇宙で覇権獲得を狙う。

3文書は航空自衛隊を「航空宇宙自衛隊」に改称し、宇宙での活動も重視した位置づけにすると掲げた。米国は2019年に宇宙軍を発足させており、組織間の連携強化も見込む。

23年度から本格的に宇宙関連事業に着手する。5年間で1兆円規模の契約を見込む。通信や測位といった各種衛星の整備が主な事業にあがる。長射程のスタンド・オフ・ミサイルの実効性を高めるほか、既存のミサイル防衛網を破る極超音速滑空兵器（HGV）の探知や追尾なども計画する。多数の小型衛星群で高速で大容量の通信をする「衛星コンステレーション」構想も米国の支援を受けて進める。

一方、防衛省がまとめた資料によると20年時点で軍事用途の衛星を100基以上保有する国は米国、中国、ロシアだ。基数は米国128、中国109、ロシア106になる。日本の人工衛星は民生用で防衛目的の能力に乏しい。

保有を決めた反撃能力を運用しようにも、人工衛星で敵がミサイル発射する兆候をつかむ必要がある。米国の衛星情報などの提供が必要との見方が根強い。当面は米国依存が続く見通しだ。

宇宙とともに重要性が認識された無人機は初めて攻撃型無人機の活用を明記した。現在、自衛隊は米国製の大型無人偵察機「グローバルホーク」を保有する程度で無人機活用には踏み込めていない。

3文書で無人機を「部隊の構造や戦い方を根本的に一変させるゲーム・チェンジャーとなり得る」と指摘した。有人の装備と比べて安価で、人的な消耗を減らし長期連続の運用ができるとの利点を挙げた。おおむね10年後までの陸上、航空両自衛隊に各1個隊、海上自衛隊に2個隊の体制にする方針を示した。18年にまとめた防衛計画の大綱は空自の1個隊のみを定めていた。

米国とは自衛隊が35年をめどに導入する次期戦闘機と並走させる無人機の研究に乗り出す。有人機とチームを組み、人が行けない危険な場所で情報収集や攻撃を担う案がある。

2　日米同盟　新時代へ

◆現代化を急ぐ日米同盟

ロシアのウクライナ侵攻から1年が過ぎ、国際秩序は一変した。日本は核兵器を持つ中国、北朝鮮、ロシアに囲まれ、複合的な危機の懸念もある。日本は国家安全保障戦略を改定して防衛費の大幅増に踏み出した。日米同盟を「現代化」して備える。

東京都の米軍横田基地。2022年秋から自衛隊と米軍の30人ほどの合同チームが稼働する。「領空侵入の恐れがあるデータです」。無人偵察機・MQ9の情報が届く。

MQ9は米軍の機体だが、鹿児島県にある海上自衛隊の基地に発着する。日米が基地や装備、人員を混然一体に使い、情報の取得や分析、対処まで連携する。

1月13日、バイデン米大統領はホワイトハウスでの日米首脳会談で宣言した。「日本の歴史的な防衛費の増額と新国家安保戦略を踏まえ、日米の軍事同盟を現代化（modernizing）していく」。横田はモデルケースだ。

日米の新安保戦略

戦略的競争 Strategic Competition	軍事・経済力を拡大する 中国と競争する時代	
日米同盟の現代化 Modernizing	態勢の最適化 Optimizing Posture	協力関係の拡大 Expanding Partnerships
米軍と自衛隊の統合運用 （司令部、通信、弾薬）	**南西防衛への態勢** （台湾、尖閣諸島へ備え）	**協力枠組みの拡大** （韓国、クアッド、NATO）
サイバー・宇宙の協力 （対日防衛義務）	**米軍再編の推進** （辺野古への基地移設）	**装備品移転や能力構築** （東南アジアなど）

現代化は主に2つ意味がある。まずサイバーや宇宙といった新領域の現代戦への対処。もう一つは格段に防衛力を高め、緊密に連携することだ。

日米同盟は「米国が矛、日本が盾」だった。攻撃力に限らず「米国が守ってくれる」関係といえた。いまは中国の軍事力が強大になった。日本の貢献を大幅に高め、米国と一体的に動く同盟に刷新しなければ対処できない。

「米軍と機密情報の連絡はできない」。自衛隊幹部は明かす。自衛隊と在日米軍は異なる無線機を使い、暗号化の対応は不十分だ。緊急時に共同作戦の遂行は難しい。

米国は1月、地対艦ミサイルを持つ海兵

沿岸連隊（MLR）を25年までに沖縄に置くと発表した。この最新鋭部隊も陸上自衛隊と暗号通信ができない恐れがある。

弾薬の問題もある。ウクライナには米欧が武器・弾薬を供与する。30カ国が参加する北大西洋条約機構（NATO）で装備品の統一規格があるため、融通しやすい。日米にはない。口径が同じ弾でも火薬の成分や性能が異なる。弾不足で助け合う準備は遅れている。

日米はオバマ政権時も現代化に言及したが、10年近く動かなかった。今回、日米は「中国との戦略的競争」と記す文書をつくった。そこで同盟の①現代化（Modernizing）②態勢の最適化（Optimizing Posture）③協力関係の拡大（Expanding Partnerships）――を挙げた。

「態勢の最適化」は部隊の重点配置を指す。現代化と表裏一体だ。台湾有事に備え、南西方面に戦力を集中する。米軍は沖縄にMLRを置き、フィリピンの軍事基地も増強する。

米国が「世界の警察官」と呼ばれたのは過去の話だ。全世界に戦力を分散させる余裕は乏しい。中東は縮小し、アフガニスタンは撤退した。限られた戦力を現代化した上で、集中して配置しなければ抑止は効かない。

中国とロシア、北朝鮮が連動する懸念もある。「中国がロシアに武器を供給しないと信じたい」。2月24日、ウクライナのゼレンスキー大統領は強調した。中国がロシアに無人機を売却した疑念が浮上し、米国は事実なら対中制裁に臨む姿勢も示す。

中ロは22年、共同で戦闘機や爆撃機を日本海で飛行させた。韓国軍OBの趙顕珪氏は「台湾問題で米中の緊張が高まれば、中国は北朝鮮の積極的な軍事行動を容認する可能性が高い」と説く。

日本の防衛省も台湾有事で中国・北朝鮮・ロシアが連携するシナリオを議論したことがある。複合的・同時多発的な危機になれば対応は難しい。

米軍は22年、沖縄の在日米軍嘉手納基地で老朽化した54機のF15戦闘機を2年で退役させると決めた。既に海外の基地のF16などを交代で配備するやり方に変えた。常備ではない。米安保当局者は「抑止力が落ちる」と心配する。

米国も多くの戦力を割く余裕は乏しい。だが単に米国の判断を受け入れるのではなく、日本が率先して問題提起して抑止力を高める別の道を探すことはできる。

日米は同盟を刷新する一方、防衛協力の指針（ガイドライン）は変えない。細部を詰めて文書にする時間すら惜しい、との声もあった。実質的な防衛力の増強がまずは課題だからだ。

岸田文雄首相は23年1月の施政方針演説で「今回の決断は日本の安全保障政策の大転換だ」と表明した。事態は切迫する。危急の大転換が日本と東アジアの平和を決める。

◆「統合抑止」の次の段階とは

岸田文雄首相とバイデン米大統領は2002年1月13日の首脳会談で、台湾有事を念頭に共同で抑止力を強化することで一致した。ばらばらだった指揮・統制系統を改め、宇宙やサイバーといった領域での協力にも踏み出す。自衛隊と米軍の統合運用は新段階に入る。

共同声明は安保分野を盛りこんだ文書とし「新しく発生している脅威に対処するため、共同の戦力態勢および抑止力の方向性」を明記した。米国だけで中国を抑止することが難しくなり、日本など同盟国が抑止の一翼を担う。

米国は日米豪印の4カ国の枠組み「Ｑｕａｄ（クアッド）」や米英豪の安全保障枠組み「ＡＵＫＵＳ（オーカス）」を重視し始めた。日本も自立した防衛力の整備を急ぐ。背景にあるのはバイデン政権が打ち出した「統合抑止（Integrated Deterrence）」という考え方だ。

同盟国や友好国と協力し、陸海空の通常戦力に加え、サイバーや宇宙、電磁波といった分野を重視する。経済制裁や外交による国際世論形成も手段とする。中国に台湾侵攻を思いとどまらせるため、多方面で優位性の確保を狙う。

台湾有事における統合抑止は近隣の同盟国との共同作戦を深化させることだ。隊員23万人

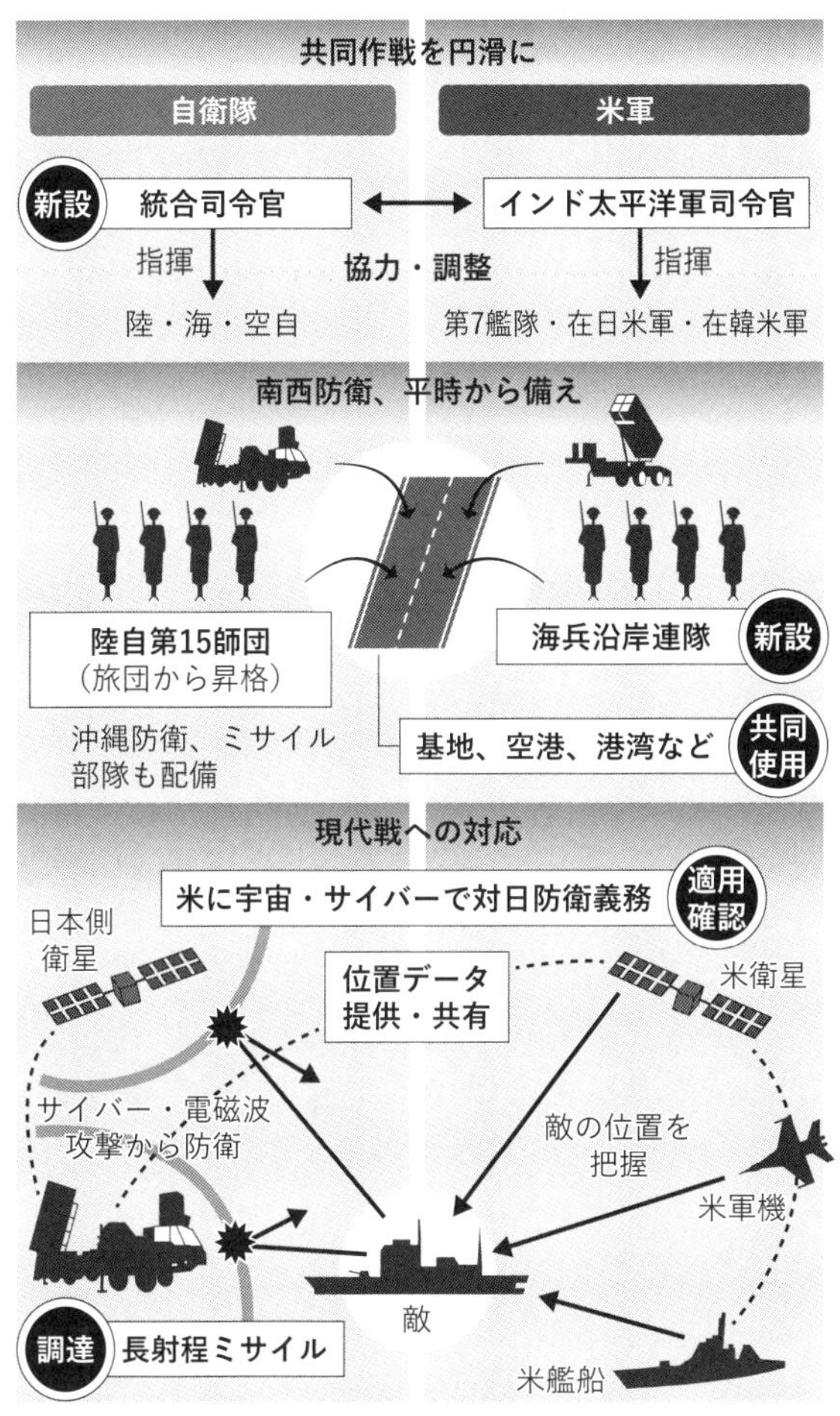
台湾有事を見据えた統合運用の例
共同作戦を円滑に
自衛隊
米軍
新設
統合司令官
インド太平洋軍司令官
指揮
協力・調整
指揮
陸・海・空自
第7艦隊・在日米軍・在韓米軍
南西防衛、平時から備え
陸自第15師団
（旅団から昇格）
海兵沿岸連隊
新設
沖縄防衛、ミサイル
部隊も配備
基地、空港、港湾など
共同
使用
現代戦への対応
米に宇宙・サイバーで対日防衛義務
適用
確認
日本側
衛星
位置データ
提供・共有
米衛星
サイバー・電磁波
攻撃から防衛
敵の位置を
把握
米軍機
敵
調達
長射程ミサイル
米艦船

を抱える自衛隊との平時からの連携がその一例となる。

米国は日本が3文書に明記した常設の統合司令部創設を歓迎した。司令官は米軍第7艦隊や在日米軍、在韓米軍を指揮するインド太平洋軍司令官との調整役を担う。日米は「より効果的な指揮、統制関係を検討する」ことで一致した。

台湾有事では在日米軍基地が攻撃を受けるおそれがある。別々の指揮命令系統を持つ自衛隊と在日米軍の連携が円滑でなければ、打撃される前に米軍機を日本国内の他の自衛隊基地などの飛行場に移動させるといった迅速な意思決定はしにくい。

北大西洋条約機構（ＮＡＴＯ）や韓国との同盟ではいずれも米軍がトップを務める軍を持つ。米国側には日米でも指揮権を一本化する連合司令部の設置を求める声はある。

中国に近い南西諸島の守りでも日米の連携は強まる。米国は25年までに新たに離島を拠点に機動的に対応する「海兵沿岸連隊」（ＭＬＲ）を沖縄に置くと表明した。ミサイル部隊も持ち、離島から長射程の対艦ミサイルを撃って制海権の確保をめざす。日本も22年度中に石垣島にミサイル部隊を置く。

米国は射程５００～５５００キロメートルの地上発射型ミサイルで中国に劣後する。中距離核戦力（ＩＮＦ）全廃条約に基づき廃棄したためだ。日米によるミサイル部隊の配備で、

1250発持つとされる中国との「ミサイルギャップ」の是正を狙う。

日米は有事の備えとして平時から基地や弾薬庫、空港、港湾などを共同で使いやすくすることも確認した。港湾などの民間インフラは戦後、自治体に大幅な権限を認めてきた。平時にどこまで地元の理解を得られるのかは課題となる。

サイバーや宇宙、電磁波といった領域での協力も統合抑止で重視する。

例えば日本が持つ巡航ミサイルを敵艦隊など標的に正確に当てるには宇宙やサイバー関連技術を駆使する必要がある。

巡航ミサイルの速度では1000キロメートル先に到達するのに1時間以上かかるとみられる。その間、標的の追尾に米衛星からの継続的な位置データの提供が不可欠だ。安全にデータを受け渡すには相手からの侵入を防ぐサイバー防衛能力を高めなければならない。

新戦略を日米の統合抑止力の向上につなげるには本来、自衛隊と米軍の役割分担を定める日米防衛協力の指針（ガイドライン）の改定が必要だ。日米首脳は改定協議に触れずに事実上先送りし、実効性に懸念は残る。

キーパーソンに聞く

「台湾有事、日米の議論深まる」

クリストファー・ジョンストン氏（米戦略国際問題研究所 日本部長）

（米戦略国際問題研究所提供）

中国や北朝鮮は長期にわたって日本周辺で軍事活動を続けている。ロシアによるウクライナ侵攻は21世紀にも大規模な戦争が起こりうると知らしめ、日本で防衛に関する議論を促した。長年日米関係にかかわってきたが、驚くべき数週間だった。

国家安全保障戦略を含む日本の3文書には防衛費倍増や反撃能力の保有など前例のない変化が含まれた。数年前は想像もできなかった。

岸田文雄首相は歴史的な3文書発表や日米の外務・防衛担当閣僚協議（2プラス2）の直後に米首都ワシントンを訪問した。日米関係がいかに強固であるかを示す強力なメッセージになった。

ウクライナ紛争が始まったとき、岸田氏は迅速かつ毅然と対ロシア制裁やウクライナ支援に踏み切った。バイデン大統領に非常に強い印象を与えた。米国から見れば強力なリーダーで、日米関係を強くした。

2010年ごろは台湾有事のシナリオを話すのは不可能だった。いま日米はより率直に現実的に話し合えるようになり、議論が深まっている。

反撃能力の保有は東アジアでの抑止力と安定に貢献できる。これまで中国や北朝鮮は日本が攻撃された場合の対応を心配する必要がなかったが、それが変わる。抑止力に寄与する新たな要素で、意思決定者である北朝鮮の金正恩（キム・ジョンウン）総書記に再考を促す。前向きな一歩だ。

反撃能力は複雑だ。標的を特定する情報力やミサイルを標的に誘導する能力が要る。攻撃がもたらす損害を評価し、他に何をすべきか判断する能力も欠かせない。反撃能力を効果的にするには、日米が深く協力しなければならない。

日本は陸海空の3自衛隊の運用を一元的に担う常設の統合司令部を創設する。率直に言って遅すぎたが、米軍も日本での指揮系統を考え直す必要がある。現在、日本にない統合作戦司令部の設置を検討すべき時期に来ている。日米の次の課題は作戦司令部をどう統合するかであり、研究すべきだ。

日米防衛協力の指針（ガイドライン）の改定は将来必要になるが、当面の課題ではない。両国は攻撃能力、サイバー能力をともに開発し、新しい作戦構造を考えるために多くの宿題を抱えた。時間がかかる。

日本の反撃能力を反映させ、どのような状況で使うか明確にする必要がある。今年や来年でなく、将来の課題だ。まず技術的な能力開発になる。

日本の防衛産業の強化も大きな焦点だ。比較的小規模で、国際協力の例も少ない。戦後の歴史や輸出規制などが理由だ。強い防衛産業は米国の利益となり、重要な防衛装備品を生産する基盤になる。

ウクライナ紛争の教訓のひとつは、装備品や弾薬などの重要品目の生産能力を高める必要がある点だ。日本が強い防衛産業を持つことは、同盟国や同志国にも有益となる。

◆「宇宙」も米国が守る

日米両政府は2023年1月、ワシントンで外務・防衛担当閣僚協議（2プラス2）を開いた。「反撃能力」に関し日米が共同で対処すると確認した。宇宙空間を米国の対日防衛義務の対象とする方針でも一致した。

日本から林芳正外相と浜田靖一防衛相、米国はブリンケン国務長官とオースティン国防長官が出席した。日米の安全保障戦略の決定を踏まえ、詳細を擦り合わせた。

要点① ［宇宙］ 米が日本の人工衛星防護

日米安全保障条約5条に基づく米国の対日防衛義務を宇宙に広げた。新領域ではサイバー空間に続く措置となる。反撃能力の行使やミサイルの探知・追尾に欠かせない日本の人工衛星の防護を想定する。

宇宙空間を使う現代戦に対応できるようにする。宇宙空間には国境の概念がなくどの国家も領有権を主張できないが、国際法で発射した物体に登録国の管轄権が認められる。日本が持つ衛星は施政下にあるとみなす。

日米の宇宙防衛協力のイメージ

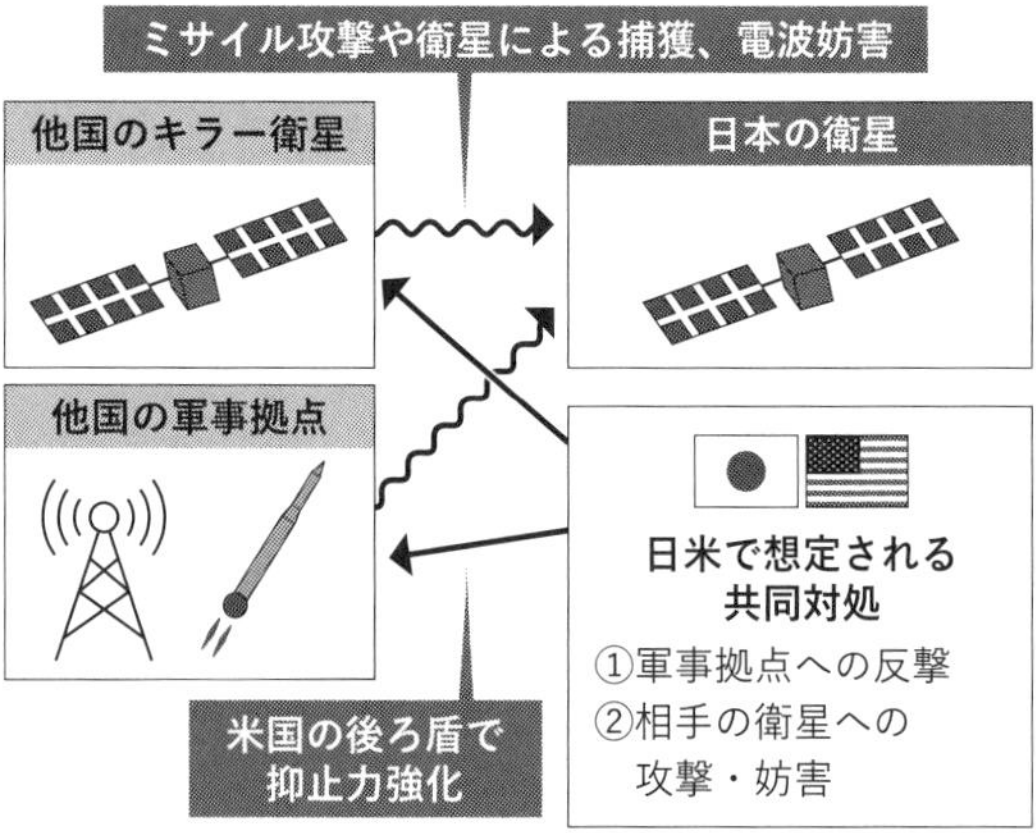

ミサイル攻撃や衛星による捕獲、電波妨害

他国のキラー衛星

日本の衛星

他国の軍事拠点

日米で想定される
共同対処
①軍事拠点への反撃
②相手の衛星への
攻撃・妨害

米国の後ろ盾で
抑止力強化

攻撃があった場合は米国が集団的自衛権を行使して日本を防衛する。地上からの衛星攻撃兵器（ＡＳＡＴ）や他の人工衛星を捕獲・妨害する「キラー衛星」への対応が考えられる。

要点②【反撃能力】緊急時に共同対処

日米は「反撃能力」の効果的な運用へ協力する。日本は衛星などで他国領域内の標的や動向を探るシステムが米国ほど充実しておらず、情報収集や監視で米軍の支援を得る。

自衛隊の新たなミサイル戦略「統合防空ミサイル防衛（ＩＡＭＤ）」は日米が反撃能力を一体運用することが基本となる。相手が日本への攻撃に着手するのを確認してから反撃までの計画を事前に定めておく。

日本は反撃能力の手段の1つとして米国から巡航ミサイル「トマホーク」を購入する。米国は東アジアで中国を射程に入れる中距離弾道ミサイルを保有していない。日本の反撃能力は対中抑止の柱になる。

要点③［南西防衛］基地・弾薬庫を共同使用

沖縄県など南西地方を中心に日米が共同使用する基地や港湾・空港を増やす。有事だけでなく平時から訓練などで利用して日米の共同対処力を高める。米軍は2025年までに離島有事に対応する海兵沿岸連隊（MLR）を沖縄に創設する。

いまも日米地位協定2条に基づき、米軍が日本国内の施設を共同使用することは認められているものの、港湾・空港は戦後、都道府県や政令指定都市が整備、管理を担ってきた。地元の首長が反対すれば

日米2プラス2の共同発表のポイント

日米2プラス2の共同発表のポイント
中国の動向は「最大の戦略的挑戦」
反撃能力の効果的な運用に向けた協力
宇宙空間を米国の対日防衛義務の対象に
サイバーの脅威に対する協力強化
平時から南西方面での基地、港湾・空港の共同使用拡大
離島有事に対応する海兵沿岸連隊を沖縄に創設
常設統合司令部の設置を米が歓迎
嘉手納弾薬庫地区を自衛隊が共同使用
台湾海峡の平和と安定の重要性を確認

訓練を進めにくかった状況を踏まえ、日本政府が自治体との調整を進める。

在日米軍嘉手納基地に隣接する弾薬庫も自衛隊と共同使用する。自衛隊の課題である弾薬不足を防ぎ、継戦能力を高める方策となる。

要点④［共同研究］極超音速弾を迎撃

中国やロシア、北朝鮮が実用に動く「極超音速ミサイル」の迎撃技術の共同研究に着手する。弾道ミサイルと比べて低い高度を軌道を変えながら飛ぶため、既存の防衛網では遠方で迎え撃つのが難しい。

日本はまず米国と迎撃用のミサイルの耐熱性素材の技術を共同研究する。日本が２０３５年の配備をめざす次期戦闘機と連動して使う無人機の研究でも日米が協力する。戦闘機とチームになって動き偵察や攻撃を担う構想を描く。

共同研究・開発を迅速に進めるため、事務手続きを減らすと決めた。これまでは案件ごとに作成していた合意文書が不要になる。

キーパーソンに聞く

「海兵隊分散で反撃容易に」

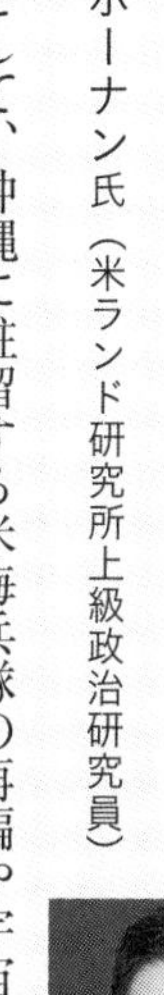
ジェフリー・ホーナン氏（米ランド研究所上級政治研究員）

今回の協議での重要な成果として、沖縄に駐留する米海兵隊の再編や宇宙での日米安全保障条約5条適用が挙げられる。南西諸島での基地の共同使用の増加も注目される。

いずれも日米同盟を近代化し相互運用性を高める。台湾有事における日米同盟の能力はより強く効果的となり、作戦上の利益は大きい。ただ中国の台湾侵攻の意志にまで影響を与え抑止力となるかは不透明だ。

海兵隊などの分散展開は中国が標的にするのを困難にし、日米の反撃を容易にする。日米の宇宙での協力は宇宙の状況把握で日本が米国を支援すると同時に、日本は反撃能力運用で米国の衛星の協力を得られるといった面で重要だ。

対中国や対ロシアを含め日米の政策や戦略は過去最も一致する。戦略から目標達成の方法にいたるまで日米同盟は１００％方向が同じだ。

2つの同盟国の間に亀裂がなく団結するというシグナルを中国や他の敵対国に送ったという意味で今回の2プラス2は非常に重要だ。

日本が安保関連3文書で示した戦略をすべて実現すれば、日本は非常に強力で近代的な軍事力を保有し米国にとって有事の際に頼りになる存在となる。中国はより困難な計算を迫られることになる。

米国は日本が3文書で示した方針を歴史的だととらえ歓迎する。懸念材料は岸田文雄政権がこの野心的な戦略を実行に移すための財源の確保だ。必要な法案を通すための「政治的資本」を維持できるかも焦点になる。

キーパーソンに聞く

「ガイドライン改定検討を」

岩田清文氏（元陸上幕僚長）

２０２２年10月に米国、12月に日本が安全保障に関する新たな戦略を発表した。このタイミングで日米の安保政策に関し最も高いレベルで協議が行われたことはスピード感のある日米同盟強化の意志の表れであり極めて適切だ。

中国をはじめ北朝鮮やロシアなど地域情勢の認識が共有できたのは日米協力の大前提となる。

両国の国家安全保障戦略などに示されたビジョンや目標がかつてないほど整合していると確認した。同盟強化の歴史のなかでも最高度の連携がとれることを意味する。

宇宙空間で日米安全保障条約の米国の対日防衛義務の適用を確認した。19年にサイバー攻撃に対して同様の確認をしたことに続くものであり、戦闘の形態の進化に適応したものと評価できる。中国への大きな抑止力になる。

南西諸島を含む地域で施設の共同使用を拡大し共同演習・訓練の増加にコミットし

た点は台湾有事に備えた抑止力強化で重要だ。

審議官級の協議にとどまっていた米国の核の拡大抑止について今回閣僚レベルで突っ込んだ議論をしたのは大きな進展といえる。

今後は日米防衛協力の指針（ガイドライン）なども改定を検討すべきだ。協力の政治的な指針を明確に示し具体的な戦略・作戦の整合を加速する必要がある。

特に「反撃能力」の日米協力のあり方に関し議論を深め、その結果を有事における日米の共同作戦計画に反映することが大切だ。

第 4 章

新戦略の先へ
「私の提言」

計画よりも実行に移すほうが難しい。
日本の防衛も同じです。
新しい戦略はまさに始まったばかり。
政策立案・分析の第一人者に
未来への提言をしてもらいました。

1　私の提言

「反撃能力、相手負荷高める運用に」

折木良一氏（元統合幕僚長）

安全保障環境に関し「戦後最も厳しく複雑な」と情勢を直視し、それに対処するための政策を立てた点が良かった。２０２５年ごろ西太平洋の軍事バランスは米国より中国が優位になるとの予測がある。台湾有事の対応も念頭に防衛力強化は相当急がないといけない。

冷戦下の緊張緩和（デタント）期の１９７６年に決めた防衛方針を改めた点も大きい。①防衛費の国民総生産（ＧＮＰ）比１％枠②基盤的防衛力構想③武器輸出三原則――の３点だ。強い政治的なリーダーシップ、決意と実行が重要になる。

反撃能力の実行にあたり「武力行使の３要件」を満たすといったルールを国民に提示したのは妥当な判断だ。

一方で反撃能力を硬直的に整理するほど中身が見えて相手は対応が容易になる。抑止は相手の認識、意識に働きかけることであり、効果を低減させてはいけない。どのような状況で反撃するか相手に想像されない運用をする必要がある。

北朝鮮も中国もミサイル攻撃に資源を集中させ、迎撃を強化しているという話は聞かない。日本が反撃能力を持てば相手も迎撃方法を考えないといけない。戦略、財政的に負荷をかけられるという利点を踏まえながら運用を組み立てるべきだ。

創設する統合司令官は米インド太平洋軍司令官のカウンターパートにもなるだろう。米軍との連携がスムーズにいくことを期待したい。

東日本大震災のときは統合任務部隊の指揮、首相と防衛相の補佐、米軍との調整を同時にこなさなければいけなかった。安保環境が複雑になればなるほど、指揮に専念できる役割と統合部隊が大事になる。

日米の防衛協力の指針（ガイドライン）の改定は必要だ。２０１５年に決めた今のガイドラインは日米で継ぎ目なく対応することに主眼を置いた。日本が反撃能力を持てば日米の矛と盾の関係の役割分担が変わってくる。

自衛官の処遇改善は現場の悲願だ。継戦能力向上も装備品の稼働も人がいないと始まらない。自衛隊はいざというときに命を懸けて戦う組織で、その前提に立った処遇がなされてこなかった。誇りを持てる組織にしないと体制は充実しない。

今まで防衛費の予算編成は防衛省と財務省だけの調整で進んでいた。今回初めて有識者会議などを通じて政府全体で考える体制になった。公共インフラや科学技術研究の安保活用に道を開いた点も大きい。

国を守るには応分の負担が要る。政治は財源問題に正面から向き合って国民に理解を求めていかないといけない。

「自治体調整が急所」

兼原信克氏（元内閣官房副長官補）

日本の国益をしっかり定義して外交・安全保障の戦略を描いたのは明治の帝国国防方針以来だといえる。戦後は日米同盟があったが「戦略文書」と呼べるものがなかった。

冷戦が終わって中国という脅威ができて日本もようやく戦略的な思考が始まった。外交と防衛の両方に目配りし、総合的な国力という考え方を打ち出したのはよかった。米国や英国ではごく普通のことだ。

これまで日本の防衛といえば自衛隊が主で、外交は日米同盟一本足だった。経済分野は置き去りになっていた。

手つかずの分野だったのが有事に使うインフラだ。いざ戦争がはじまって自衛隊や米軍の基地が打撃をうけた場合、近くの港湾や民間施設に移らなくてはいけない。それにもかかわらず滑走路の補強や掩体（えんたい）の準備が全然できていなかった。

今回、港湾や飛行場の民間インフラを使いやすくする。特定公共施設など法律の仕組みや日米地位協定上の規定は既に整っていたものの、動いていなかった。

例えば神戸市は核搭載可能な米艦船は受け入れないと主張していた。政府も自治体の意向を尊重してきた。戦略を実行する段階では自治体との調整が急所となる。政府には打開してもらいたい。

食料安保とシーレーン防衛も途上だ。タンカーが止まると経済が混乱してしまう。有事には東・南シナ海が通れなくなるリスクがある。タンカーが南方のロンボク海峡へ迂回するとエネルギー価格は何倍も跳ね上がってしまうだろう。

それでも海上自衛隊と海上保安庁の実行計画は決まっていない。海保は文民であり有事でも武力行使の規定がない。民間の船舶の航路を規制するとか、戦域の外側でどう活用するか詰めなければいけない。

研究開発の安保への活用もうまく運ぶか不安が残る。民間の科学技術研究費は16兆円ある。文部科学省と経済産業省が防衛省を排除したままでは、政府の研究開発資金が安保に円滑にまわるかは疑問だ。

安保戦略を策定しても法律を書いて予算をつくらないと意味がない。富士山で言うとようやく登山口に着いたところだ。財源も必要になる。これからが正念場といっていい。

「細部こそ日米協力の要点になる」

宮家邦彦氏（キヤノングローバル戦略研究所研究主幹）

国家安全保障戦略など安保関連3文書は戦後最も重要な文書だといえる。国益や脅威認識、手段、抑止には何が必要かを練って予算に落とし込むという一人前の主権国家がすべき

議論がようやくできた。

防衛費の国内総生産（GDP）比2％や「反撃能力」の保有、政府開発援助（ODA）の活用など目いっぱいに書き込んだ。継戦能力の確保や隊舎の整備なども含めて書くべきものが全部残ったという意味で世論も成熟したのではないか。

実際に同盟国の米国と相互に補完的な役割を果たし、共同行動をとる契機になる。米バイデン政権も歓迎している。オーストラリアや英国などと連携していく方針も盛り込んだ。「悪魔は細部に宿る」という点を意識しなければならない。具体策が重要になる。

航空機を守る「バンカー（掩体）」はあるか、弾薬はどこに保管するのかという点から機能しなければ日米で一致して戦闘作戦はできない。土地が確保できずに弾薬庫がつくれない、距離が遠くて実戦で使えないでは困る。

陸海空の統合運用は難しく、実戦経験のある米国の目から見ればまだできていない部分があるだろう。日米のオペレーションがうまくいくように新設する統合司令部と米軍の有機的な結合に取り組まなければならない。意思疎通が大事だ。

中国については国家安保戦略で「これまでにない最大の戦略的な挑戦」と表記した。「脅威」より少し薄めた表現だとしても安保上の脅威かと問われれば脅威に決まっている。米国も中国に関して「挑戦」と位置づけている。文書の表現は政治レベルで決断すれば良いことだ。

従来の防衛計画の大綱は防衛力をどう維持するかしか書いていなかった。中期防衛力整備計画は主要装備や予算の限度を示していた。

今まではいかに防衛省・自衛隊に武器を持たせないかを明示するのが平和国家の証明になっていた。戦略も戦術もないこのやり方では駄目だと分かっていたものの、２０１３年に国家安保会議（ＮＳＣ）ができるまでは国家安保戦略さえなかった。

ロシアによるウクライナ侵攻や中国、北朝鮮のミサイル発射などの環境の変化で抵抗が少なかったことが背景にある。相当踏み込んだ3文書の中身自体よりも防衛費増額の財源の増税の話で賛否の論議がある状況がそれを物語っている。

「装備品の稼働率、先行して確保を」

黒江哲郎氏（元防衛次官）

日本を守るために防衛と外交だけでなく省庁横断で総合的な国力を活用すると打ち出したのが安全保障関連3文書の大きな成果だ。中国への認識も含めて日本が置かれた安保環境を率直に捉えている。

当面の目標が定まったのでスピード感を持って実現しなければいけない。予算の執行や自衛隊の体制整備は厳しい目で見られる。国家安保会議（ＮＳＣ）で進捗を評価・管理するような仕組みも整えるべきだ。

日本が反撃能力を持てば敵が侵攻したり、ミサイルを打ち込んだりする意思決定に制約を与えられるだろう。

日本周辺には地政学的な「挑戦」に熱心な国が複数ある現実を直視しないといけない。ミサイル防衛システムが１００％迎撃できるとは言い切れない限り、手当てが必要だった。

自衛隊と米軍が反撃能力の運用構想を共有する必要がある。反撃対象となる軍事目標の情報は米国の方が蓄積がある。精度の高い情報を提供してもらうためにも自衛隊の防衛力強化の覚悟を示し、信頼を得るべきだ。

米国も東アジアで日本に多大な期待を寄せざるを得ない。米中間の戦力差が縮まってきた。日米双方が持つ戦力や施設を一体運用する仕組みづくりが重要になる。南西方面の公共インフラ施設も平時から共同で使えるようにしてほしい。

南西方面の防衛強化や自衛隊の継戦能力の向上など、やらなければならない課題は3文書で網羅した。

良い目標でも時間をかけている間に有事が起きてしまったのでは意味がない。装備品の稼働率確保などによる現有勢力の100%の発揮を先行して進める必要がある。

サイバー防衛は国と民間が同じ目線で対策に取り組むべきだ。高度な能力を持つ人材も急には育たない。国を挙げて日本の遅れを取り戻す覚悟が欠かせない。

安全保障は国民が広く受益する。現場で命を懸ける自衛隊を支える体制をつくってほしい。日本は国内総生産（GDP）に対する租税収入の規模が米欧に比べて小さい。税負担の公平性に配慮しつつよく議論してほしい。

「海保の防衛任務検討のとき」

松田康博氏（東大教授）

台湾有事はいつかという話がよく出るが、それは中国にとって条件がそろったときだ。中国はまだ台湾を占領して統一する全面侵攻に自信がない。習近平（シー・ジンピン）国家主席は後継者をつくっておらず、最低10年は続ける。

そのため猛烈な勢いで核軍拡をしている。2030年から35年にかけて1000～1500発の核弾頭が使用可能になり、米国は手を出しにくくなる。中国はこれから5～10年の間に能力をつけて機会を狙う。

今は抑止できている。日本の抜本的な防衛力強化は中国を追いつかせず、日米両国と台湾による抑止力を維持する意味がある。

今回の国家安全保障戦略など安保関連3文書は初めて、脅威に対抗できる防衛力をつける「所要防衛力」になっている点が非常に重要だ。

沖縄県・尖閣諸島の周辺で活発に活動する中国海警局の船舶に対処するには本来は海上保

安庁法を改正して、海保にも領域防衛の任務を一部負担してもらう方が良い。

海保が劣勢だからといって海上警備行動で海上自衛隊の艦艇を出せば、日本が事態をエスカレーションさせたという口実にされる可能性がある。海保への任務や装備の付与に踏み込めるかどうかは引き続き課題になる。

弾道ミサイルや極超音速ミサイルを迎撃するのは難しくなってきており、政策判断として相手の拠点をたたく「反撃能力」を持つと決めたのは正しい。

巡航ミサイルはレーダーや司令部をたたくにはよいが、戦闘機が飛べないように滑走路に大きな穴をあける力はない。防衛省・自衛隊が弾道ミサイルに匹敵する破壊力がある極超音速誘導弾を開発・保有できればインパクトは大きい。

日本自らの防衛力は高めつつ、日中関係は安定するにこしたことはない。20年4月には習氏が国賓待遇で来日する予定だったが、新型コロナウイルスの影響で延期になった。招待状の効力はまだ残っている。

中国は日本の排他的経済水域（EEZ）内に弾道ミサイルを撃ち込んだ。日本は言うべきことを言い続け、それでもお互いに安定に向けて努力する状態が望ましい。

「有事の指揮移行、円滑さ不可欠」

高橋杉雄氏（防衛研究所防衛政策研究室長）

日米両国間には外務・防衛担当閣僚協議（2プラス2）で承認する防衛協力の指針（ガイドライン）がある。作戦局面での日米の役割分担を決めるためで、シビリアンコントロール（文民統制）のもとで制服組が作戦計画をつくる。

いまは一刻も早く台湾有事を見据えた防衛力強化と作戦計画の策定を進め、訓練や演習で実効性を向上させるべきだ。ガイドラインを見直す優先順位は必ずしも高くない。

改定作業に入れば終わるまでは新しい作戦計画はつくれなくなってしまう。反撃能力との関係でも米軍の打撃力を伴う作戦実施時に「自衛隊は必要に応じ支援できる」との規定がすでにある。

国家安全保障戦略など安保関連3文書は自衛隊に常設の「統合司令部」を設ける方向性を示した。

指揮権を一本化する米韓同盟や北大西洋条約機構（NATO）のように米軍との統合を進

めるのは一案だが、日本に適しているかは慎重に考える必要がある。韓国は戦時と平時の作戦統制権を切り替えている。日本も知恵を絞らないといけない。

沖縄県・尖閣諸島でのグレーゾーンからエスカレーションするシナリオでは海上保安庁や警察のような法執行機関が中心の対処から始まるだろう。いきなり中国軍が上陸してくるのではない。まずは自衛隊と法執行機関の協力が重要となる。

武力攻撃事態に発展した場合に初めて自衛隊と米軍の日米共同対処に移る。この移行がうまくいくように自衛隊や日米の指揮統制のあり方を検討すべきだ。

「安全のコスト、再考が前提」

河野龍太郎氏（BNPパリバ証券チーフエコノミスト）

防衛費の財源を巡る増税について結論の一部が持ち越しとなった。日本が抱える公的債務の問題を無視したまま防衛費を増やすと、防衛とは別の問題を引き起こしてしまう。経常的な費用を経常的な収入で賄うのを原則にすべきだ。

防衛力強化は企業や個人の生命、安全、財産を守るための措置として必要なことだ。予期せぬトラブルを未然に防ぐことは経済を守ることにつながる。

日本はこれまで安全保障に十分な対価を払ってこなかった。安全のコストを再考するときが来たのではないか。

恩恵を受ける企業が財源を拠出するのは当然だが、国民を守るという意味で等しく負担を支払う「均等割り」の発想があってもよかった。「均等割り」で拠出して、困窮する家庭などは給付付き税額控除で軽減する工夫をすればいい。

歳出の削減に関しては政府は増税を極力抑制すると説明した。一方で景気が良くても悪くても毎年のように補正予算を編成している。

いま計画している「歳出改革」は当初予算ベースのものだ。当初予算を改革しても再び補正予算で歳出を追加すれば改革とはいえない。空疎な議論にみえる。

防衛費を決めるプロセスには課題が残った。防衛省と財務省で綱引きをしたが、本来は要求官庁が入るべきではない。海外は要求官庁が主張したうえで首相を中心とする閣僚委員会で規模を決める。

トップダウンで決まった金額をもとに要求官庁がその枠内で当初の計画に匹敵するものを

つくる。与えられた金額の範囲で努力するのが本来の歳出改革にあたる。

要求官庁が頑張れば頑張るほど総額が増えるという仕組みでは効率のよい歳出は生まれない。結論を先送りした防衛装備移転三原則の緩和はしっかり進めるべきだ。これまでの外交・防衛政策は米国依存を前提にしていた。国際環境が変わり米国の10年、20年先について確たることはいえなくなった。自立的な防衛のあり方をつくるべきだ。

米国以外の他の国と一緒に装備品を開発することができなければ将来的な国際環境に適応できなくなるかもしれない。防衛産業が成長すれば経済にプラスの効果が生じるという好循環も生み出される。

「反撃能力、意思決定の備えが肝」 島田和久氏（前防衛次官）

防衛省・自衛隊はこれまで1976年に決めた「基盤的防衛力構想」の呪縛から逃れられなかった。国民の命と平和な暮らしを守ることが主任務にもかかわらず、現実の脅威を十分

に想定した戦略と計画をつくってこなかった。

国家安全保障戦略など安保関連3文書の改定で日本を取り巻く厳しい現実から目を背けず、脅威を排除する能力と覚悟を示した。従来の防衛の枠組みを超えてサイバーや科学技術など国の安保に関わるあらゆる分野がスピード感を持って前進できるかが問われる。

重要なのは政治と防衛分野の関係を緊密かつ健全に保つことだ。例えば反撃能力の行使には首相の判断が必須になる。何をどう決めてもらうか平時から政治側と防衛省・自衛隊で擦り合わせないといけない。

首相と自衛隊幹部の緊密な意思疎通を制度化していくべきだ。いくら防衛費を増やして自衛隊の装備を最新鋭にしても、有事に意思決定が円滑にできるような関係性がなければ抑止力は高まらない。

抑止力の要である反撃能力で実際の手段を早急に持つことが重要だ。ミサイルの取得はできるだけ早く、今の計画を短縮する努力もしないといけない。自律性確保のために国産を主体にする必要もある。試作段階で部隊配備し、試行錯誤していくことも大事だ。自衛隊に関する法制度は常に見直さなければいけないものの、課題は法律そのものではない。武力攻撃事態の認定は国際基準に沿っている。いざという場面で決断ができるかが最大の問題だ。

政府は日米の防衛協力の指針（ガイドライン）をすぐには改めないと言っている。早期に日米間で役割・任務の分担をはっきりさせないと能力行使の実効性が上がらない。改定に時間がかかるのであれば別の形でも見取り図は示すべきだ。

サイバーは法整備をして「能動的サイバー防御」を実現する。総合調整の司令塔に加え、実行部隊とインフラを整備する必要がある。サイバーは世界的に見て非常に遅れている。関係省庁の縦割りを打破するリーダーシップも重要だ。

国民保護の問題は課題が多い。国と地方で協力するのは大事だが、国がリーダーシップを取らないと絶対にいけない。国民保護は担当閣僚が誰かよくわからない。責任者をはっきりさせ、いつまでにどう改革していくかを決めないといけない。

2　防衛大70年の現在地

◆新設「サイバー学科」

防衛大学校は1953年4月に開校してから70年になる。国家安全保障戦略など安保関連3文書を踏まえ、サイバー戦に適応する人材を生むよう教育課程の改編に動き出す。防衛力の抜本的な強化を担う将来の自衛隊幹部の育成機関の現在地と課題を探る。

防衛大は米第7艦隊の拠点がある神奈川県横須賀市に位置する。主に高校を卒業した男女が入学し、一般大学と同じ期間の4年を過ごす。授業料が免除の全寮制で衣食住が提供され、毎月10万円超の手当もつく。授業だけでなく4年間で1000時間以上の訓練をする。「大学」と「士官学校」の両面を持つ。

卒業後に陸海空別の幹部候補生学校を経て、自衛隊の幹部になる。3尉以上の幹部4万人超のうちおよそ4人に1人、最上位の将・将補にしぼると8～9割ほどが防衛大出身だといい、自衛隊に欠かせない教育基盤だ。

防衛大学校の概要

設立	1952年に保安大学校設置、53年開校。54年に防衛大学校に改名
所在地	神奈川県横須賀市
生活	全寮制、授業料免除、毎月10万円超の学生手当
専門	2年進級時に陸海空いずれかに指定、専門の学科も決定
学生数	1827人、うち留学生91人 ※2022年4月時点、本科のみ
男女	1992年に共学に 2021年度募集は480人中70人が女子、22年度（23年春入校）は480人中100人に引き上げ
文理	開校時は理系のみ。今は理系が8割ほど、文系が2割程度
卒業後	陸海空それぞれの幹部候補生学校を経て自衛隊幹部に

台湾有事などへの備えにはサイバー戦と通常戦力を組み合わせる現代戦への対処力が求められる。3文書は防衛大で「サイバー領域などを含む教育・研究の内容や体制を強化する」と記した。

防衛省は防衛大の14学科の構成を改めサイバー学科を新設し、2028年度にも学生を受け入れる方針だ。未然に攻撃を防ぐために探知や侵入をする「能動的サイバー防御」を指揮する人材を育てる。

同じ横須賀市に置く陸上自衛隊通信学校は防衛大に先駆け、23年度に「陸自システム通信・サイバー学校」に衣替えする。地元には関連産業の集積への期待もある。

優秀な人材の確保が重要になる。

構造的に避けられないのは少子化の波だ。防衛大の23年4月入校の採用試験への受験者数は1万人を割って9１００人程度だった。3年間で２０００人ほど減った。

18歳人口は40年に88万人と20年間で30万人ほど減少するとの予測がある。一般大学と人材の奪い合いになる。

防衛大に入っても全員が自衛官になるわけではない。２０２１年度卒業生で自衛官への道を選ばない任官辞退者は72人と過去2番目に多かった。

バブル景気で民間就職が好調だった１９９０年度の94人以来の水準だ。新型コロナウイルス禍でより外出制限など負担が大きい学生生活を強いられたことなどが辞退者増の要因につながったとの見方がある。

防衛大の教育改革だけでなく、自衛官のキャリアの魅力を高める努力も要る。大半が海上保安庁や警察より早い50代で迎える定年の延長や、全体の4割が耐震基準を満たさない自衛隊施設の改修などは急務になる。

国分良成・前防衛大学校長に聞く

「国際化へ英語力必要　陸海空統合の利点活用を」

国家安全保障戦略など安保関連3文書での防衛費増額は評価するものの、掲げられた総合的な国力の中に「人材力」が入っていなかった。人材確保は大きなテーマだ。世界の士官学校は多くが陸海空別になっている。防衛大学校は統合学校でその利点をもっと生かしたい。これからは統合運用の時代になる。

今は2年生への進級時に陸海空を指定するがもっと遅くていい。陸の志望者も海の艦艇に乗るなどお互いを知り、共通の基盤としてサイバー教育を徹底すべきだ。

専門性の高いサイバー人材の育成は学科をつくるのも一案だが、陸海空を選ぶ際に「サイバー要員」という新たな選択肢を設けるのはどうか。

米軍は陸海空や海兵隊のほかに軍種としてサイバー軍や宇宙軍があり士官学校も力を入れている。防衛大にも特殊技能に強い人がいる。多様性と柔軟性を大事にしたい。

国際性では英語力が必要になる。例えば5年か10年先には授業全体の3分の1を英語で実施するといった数値目標を設定すべきだ。

防衛大学校長は学者や旧内務官僚の出身者らが就いてきた。自衛官を退官した防衛大卒業生からの学校長誕生を考えてほしい。

こう言うとシビリアンコントロール（文民統制）を持ち出す指摘があるが、退官後はシビリアンであり、これは防衛大のプライドの問題だ。

民主主義社会の政治の監督のもとで国民から支持されて国防を担っているという信頼感がほしい。防衛大は学位を授与されない時代すらあった。憲法9条や文民統制を理解して、黙々と仕事をしてきた。敬意を持ってみられるべきだ。

◆吉田茂氏が発足を主導

「自衛隊が国民から歓迎される事態とは国民が困窮し国家が混乱に直面している時だけだ。言葉をかえれば君たちが日陰者である時の方が国民や日本は幸せなのだ」

今から70年近く前、神奈川県大磯町の自宅を訪れた防衛大学校の1期生にこう語りかけたのが吉田茂元首相だ。防衛大の発足を主導した。

第2次世界大戦の敗戦後、日本は軍を解体した。朝鮮戦争勃発に伴いＧＨＱ（連合国軍総司令部）が方針転換し、日本は１９５０年に警察予備隊をつくった。52年に保安隊、54年に自衛隊と名称を変えた。

吉田氏は新たな組織を率いる幹部を養成する学校の設立を構想した。52年に神奈川県横須賀市に保安大学校を設け、翌53年に開校した。自衛隊の発足に伴って今の名前となった。

①学校長は文官から選ぶ②陸軍と海軍が対立した戦前を教訓に統合型の士官学校をつくる③精神主義を排して科学的思考を重視する——。吉田氏はこうした点を掲げ、戦前の軍と一線を画す士官学校をめざした。

初代学校長には慶大教授で英国留学の経験のある政治学者、槇智雄氏が就いた。吉田氏と旧知の小泉信三・元慶応義塾長が推した。

英パブリックスクールのような全寮制の防衛大の雰囲気は槇氏がつくり上げた。吉田氏も戦前に駐英大使だった。海外の士官学校は現役の軍人がトップを務めるのが通例で、文官が率いる士官学校は珍しい。

防衛大の学校長は学者や旧内務官僚らが担ってきた。現職は米国政治が専門で東大教授だった久保文明氏だ。防衛大出身で自衛官になった人からの登用例はない。

科学的思考を重んじる教育内容は今も続く。設立当初は理工系のみの募集で始まった。74年に人文・社会科学系の採用を開始したものの、現在も理工系が全体の8割を占める。

開校以来、長らく防衛大を卒業しても学位を得られなかった。学校教育法に基づく「大学」ではなく防衛省設置法による「大学校」のためだ。

一般大学と同等の教育を受けたと評価されるのは91

防衛大学校の70年

1950年	警察予備隊を創設
52年	予備隊を保安隊に改編
53年	保安大学校が開校。学生の受け入れを開始
54年	保安隊を自衛隊に改編。保安大を防衛大に改名
74年	人文・社会科学系の学科を新設
91年	学位の授与が認められる
92年	初めて女子が入学
2023年	女子100人の入学（全体の21%）を見込む

年度だ。文部科学省が所管する独立行政法人「大学改革支援・学位授与機構」（当時は学位授与機構）が防衛大の教育課程を大学学部と大学院修士課程に相当すると認め、学位を授与するようになった。

80年代に男女雇用機会均等法が成立するなど女性の社会進出が進むと男子校としてスタートした防衛大にも共学化の波が押し寄せる。92年、初の女子学生が入学した。

防衛大は２０２３年度春入校の採用試験で女子１００人を募集した。学年全体の２割になる見込みだ。前年度の70人から増やす。

日本全体で少子高齢化が進み防衛大志望者の母数が減る。将来の幹部人材を確保するため女性採用を強化し、海外水準に引き上げる。例えば米陸軍士官学校では22年入学生のうち女性は３００人ほどで25％を占めた。

災害対応などで自衛隊は評価を高め、海外派遣も増えた。これらの多くを防衛大卒の自衛隊幹部が支える。宇宙やサイバーなど戦闘の新領域で能力の向上をめざす。女性幹部の活躍の幅を広げるにはロールモデルをつくる自衛隊全体の努力が要る。

◆視野が狭い幹部育成

「一般大学と異なり本校の学生には学力とともに体力と人間力の向上が求められる。幹部自衛官となる以上、部下を統率できる人間性とリーダーシップが不可欠になる。知・徳・体の三位一体こそ目指すべき学生像だ」。久保文明・防衛大学校長は2022年11月、保安大学校として1952年に創立してから70周年を記念した式典でこう述べた。

防衛大は主に高校を卒業した男女を迎え、全寮制で4年間教育する。2年生に進級する際に陸海空の各要員に指定し、専攻する学科も決める。一般大学と同じように卒業研究という名前の「卒論」を課す。

即戦力としての戦闘技量を身につけるというよりも、将来の幹部に必要な素養をじっくりと身につける点を重視している。

卒業生の大半が自衛官として陸海空別の幹部候補生学校でより実践的な知識や技術を学ぶ。ここで一般大学を卒業した幹部候補生と一緒になる。

海外の士官学校は陸海空の軍種ごとに設置するケースが多い。米国や英国、フランス、韓国などが該当する。

『世界の士官学校』の著書がある太田文雄・元防衛大教授（元海将）は「防衛大は『同じ釜の飯を食った』人たちが陸海空で分かり合えるメリットが大きい」と話す。政府は陸海空を一元的に指揮する常設の統合司令部を創設する方針で、時流に沿う。

一方、太田氏は幹部の育成に関して「米国などはより裾野が広い印象がある」と指摘する。米国は陸海空に士官学校があり、海軍の「アナポリス」や陸軍の「ウエストポイント」など所在地名で親しまれている。卒業してから軍に5年間従事する義務があるが、その後はビジネススクールなどに入り直す人も多いという。

必ずしも陸海空の士官学校を出た軍人が主要幹部になるわけではない。州立の士官学校もある。さらに一般大学に通いながら軍の将校を養成するプログラムを受けられる「予備役将校訓練課程（ＲＯＴＣ）」という制度も根付く。

ＲＯＴＣは全米の１０００以上の大学などで提供され、学費を補助する。例えば米軍制服組トップのミリー統合参謀本部議長はプリンストン大で政治学を学び、ＲＯＴＣから米陸軍に入った。軍時代に湾岸戦争を指揮した故コリン・パウエル元国務長官や故ラムズフェルド、マティス両元国防長官らもＲＯＴＣ出身だ。韓国にもＲＯＴＣの制度がある。

英国の士官学校は主に大学を卒業した後に入校し、数十週間の軍事的な教育や訓練を実施する。王室メンバーも卒業生に名を連ねる。フランスの士官学校は大学院相当で修士号を取得できる。

防衛省・自衛隊も一般大学などに進学した学生らを多様な手法や機会で取り入れる工夫が要るとの見方がある。少子化に加え、これからは宇宙やサイバーなど戦闘の領域も広がり、様々な専門性を持った人材の確保が重要になるからだ。

防衛省内で11年にまとめた防衛大の改革案で「ROTCに類する制度の検討」を挙げたものの、抜本的な施策の実現には至っていない。防衛学教育や訓練の環境をどう整えるかが課題になる。

国際性の観点では防衛大はタイやベトナムなどの海外からの留学生受け入れに積極的で、全体の5％前後を占める。学部では2～3％台で推移する東大より高い。

防衛白書によると21年度に新規で受け入れた留学生数は短期なども含めて47人で、20年前の01年度（25人）の2倍近い水準になっている。

日本の防衛大生と同じ部屋で生活すれば、安全保障に関する相互理解も深まる。タイ空軍司令官に防衛大卒業生が就任するなど「自由で開かれたインド太平洋」を推進するのに欠かせない人的基盤になりつつある。

3　歴史で見る戦後安保

◆安保条約が同盟の基盤に（1）終戦～冷戦期

政府が2022年末に決めた新たな安全保障関連3文書は日本の安保政策の節目となった。防衛費の増額や相手のミサイル発射拠点をたたく「反撃能力」の保有がどのような意味を持つのか。同盟国の米国との関係など戦後の日本の安保史から歴史的な意義をみる。

「戦後の安全保障政策を大きく転換するものだ」。岸田文雄首相は22年12月16日、国家安保戦略など3文書の閣議決定を受けてこう強調した。

15年に成立した安保関連法に関し「いかなる事態にも切れ目なく対応できる体制が法律的、理論的に整った」と述べた。そのうえで「今回は『実践面』からも安保体制を強化することとなる」と説明した。

日本は自らの防衛力増強から距離を置いてきた。その歴史は78年前の第2次世界大戦での敗北に遡る。

1945年の敗戦を経て日本は連合国軍の占領下で非軍事化が進められた。陸海軍をなくし、元軍人らを公職から追放するなど世界の列強の一角を占めた戦力の基盤を解体した。再び軍事大国となって米国などの脅威になるのを防ぐ意図があった。

46年に公布した日本国憲法は9条で戦争の放棄、戦力の不保持、交戦権の否認をうたった。

50年に始まった朝鮮戦争を受け、GHQ（連合国軍総司令部）の指令に基づいて警察予備隊を50年に組織した。保安隊を経て54年に自衛隊が発足した。

第2次世界大戦後40年超にわたり米国と旧ソ連を中心にした東西冷戦の構造が国際秩序の軸になった。日本は自前の防衛力を抑えつつ、西側陣営の一員として超大国の米国のみと同盟関係を結んで安保を頼る道を歩んだ。

その基盤となったのが60年の日米安保条約の改定だ。

サンフランシスコ平和条約にあわせて51年に結んだ旧安保条約は米国による日本防衛義務が明確でなかった。当時の岸信介政権は反対運動（安保闘争）に直面したものの、国会でその義務を明示する新安保条約を承認した。

日本は専守防衛の「盾」、米国は他国への攻撃を担う「矛」の役割を分担する構図が鮮明になった。

70年代には米ソのデタント（緊張緩和）を背景に日本の防衛力を質・量の両面から規定する決定があった。

一つは三木武夫内閣が76年に初めて策定した防衛戦略の指針となる「防衛計画の大綱」だ。そこに盛り込んだ「基盤的防衛力構想」は特定の脅威を念頭におかず、限定的で小規模な侵略に独力で対応できる能力を持つというものだった。

特定の脅威を定めないのは軍事戦略上の原則に反するという批判は当時からあった。それでもデタントやオイルショックによる物価高を背景に歯止めをかけるべきだとの声を踏まえた。構想は冷戦終結後も２０１０年の大綱改定まで続いた。

もう一つが防衛費の枠だ。三木内閣は大綱策定と同じ１９７６年に防衛費を国民総生産（ＧＮＰ）比１％以内とする方針を閣議決定した。中曽根康弘内閣だった87年度に撤廃したものの、歴代政権はおおむね１％以内の水準を維持してきた。

反撃能力も50年代ごろから憲法上保有できるとの見解を示しつつ、政策判断として持たないとの立場をとった。日米同盟のもとで「矛」は米国に頼る時代が継続した。

◆ＰＫＯや対テロで国際貢献（２）冷戦終結～２０００年代

「日本の取り組みはインド太平洋および国際社会全体の安全保障を強化する」。日米は２０２３年1月にワシントンで開いた首脳会談の際に出した共同文書でこう強調した。日本の防衛力強化が世界全体の安保に資するとの立場を示した。

日本による安保分野での国際協力は冷戦終結がひとつの転機になった。国連平和維持活動（ＰＫＯ）やテロとの戦いでの貢献が求められ、自衛隊の海外派遣に踏み切った。

冷戦の象徴だったベルリンの壁は１９８９年11月に崩壊した。翌12月に当時のブッシュ米大統領（第41代）とソ連のゴルバチョフ書記長が地中海のマルタで会談し、冷戦終結を宣言した。

翌90年のイラクのクウェート侵攻を受けて始まった湾岸戦争で日本は貢献のあり方を問われた。米国を中心とする多国籍軍に１３０億ドルを拠出したものの、自衛隊を派遣しない姿勢に国際社会から「小切手外交」との批判が出た。

２０２１年の外交文書公開で当時、ブッシュ氏が海部俊樹首相に自衛隊の後方支援を求めた事実が明らかになった。ところが日本が実際に掃海艇を派遣したのは戦争が終わったあとだった。日本は1992年、自衛隊の海外派遣の根拠となるPKO協力法を整備した。同年にカンボジアに初めて部隊を派遣し、停戦監視などに携わった。PKOが自衛隊の重要な任務として定着し、東ティモールやハイチなどにも派遣した。

冷戦の終わりは日米同盟に旧ソ連の脅威への対応に代わる役割の再定義を迫った。橋本龍太郎首相とクリントン大統領が96年の首脳会談で発表した「日米安全保障共同宣言」で「アジア太平洋地域の安定と繁栄の基礎」と位置づけた。

翌97年には日米防衛協力の指針（ガイドライン）を改定すると、99年には米軍の後方支援などの根拠となる周辺事態法を制定した。

2001年に米同時テロが起き、小泉純一郎首相は米国のテロとの戦いを支持した。アフガニスタン戦争に際し、テロ対策特別措置法を整えてインド洋での海上自衛隊の給油活動に踏み切った。03年のイラク戦争の際も特措法で自衛隊をイラクに派遣した。

日米同盟における日本の役割を広げる流れは続く。22年末の安保関連3文書に盛り込んだミサイル発射拠点などをたたく「反撃能力」の保有もその延長にある。

◆集団的自衛権の行使容認（3）2010年代

中国は2010年に米ドル換算の国内総生産（GDP）で日本を抜いた。防衛費も06年に日本を超え、13年時点で1600億ドルと500億ドルほどの日本の3倍に膨らんだ。経済、軍事ともに中国が台頭し「米国1強」の時代は終わりを迎えた。

「米国はもはや世界の警察官ではない」。オバマ米大統領（当時）は13年、シリア問題を巡る米国民へのテレビ演説で公言した。世界秩序の安定に米国だけでなく日本など同盟国も貢献すべきだとの考えが広がった。

政府は22年末に改定した国家安全保障戦略で情報保護を掲げた。情報収集・分析の重要性を指摘し「安保上の重要な情報の漏洩を防ぐために官民の情報保全に取り組む」と明記した。流れは第2次安倍晋三内閣のもとで13年12月に成立した特定秘密保護法から引き継ぐ。

同法は防衛や外交、スパイ活動、テロの各分野の情報で「特に秘匿する必要がある」ものを「特定秘密」と定める。漏洩した公務員らへの罰則も設けた。

同盟国の米国などと安保情報をやりとりするうえで必要だった。日本に情報を提供してもすぐに漏れるとの疑念を避ける狙いがあった。

中国の海洋進出、北朝鮮の核・ミサイル開発など日本周辺の安保環境は厳しさを増す。情報収集の重要性は高まる。

安倍政権は13年12月には国家安全保障会議（ＮＳＣ）も設けた。米国のＮＳＣをモデルに外交・安保の国家戦略を体系的に担う枠組みだ。首相と官房長官、外相、防衛相が加わり、実務は国家安保局が担当する。

官邸主導で機動的に外交・安保に対処していく体制を整えた。政府はＮＳＣ発足とともに国家安保戦略を初めて定めた。

政府は14年7月の閣議で憲法解釈を変更し、限定的な集団的自衛権の行使を容認した。これを踏まえ翌15年には安全保障関連法が成立した。これも日米同盟のもとで日本の役割をより大きくする流れの一環だった。

安倍氏は16年に「自由で開かれたインド太平洋」を提唱した。「法の支配」などを柱に据え、米国に加えオーストラリアやインド、東南アジア諸国連合（ＡＳＥＡＮ）などとの協力を重視する。

中国の台頭を警戒する各国も賛意を示し始める。17年に就任したトランプ米大統領からも理解を得て日米の基本路線として共有した。

◆安保政策を転換(4) 2020年代

政府は2022年12月に決めた安全保障関連3文書で敵の攻撃拠点をたたく「反撃能力」の保有を盛り込んだ。相手の攻撃を抑止する姿勢が前面に出る。

米国は民主党のバイデン政権が21年に発足した。軍事力だけでなく経済やサイバーなども含めて同盟国との関係を強化する「統合抑止」を掲げた。

就任後に初めて対面で会談した外国首脳が当時の菅義偉首相だった。両氏は21年4月の首脳会談で「台湾海峡の平和と安定の重要性」を確認し、日本の防衛力強化で意見を交わした。

岸田文雄首相が菅氏から政権を引き継ぐと、自民党は21年10月の衆院選の公約で反撃能力の保有を唱えた。国内総生産(GDP)比で1%以内を目安にしてきた防衛費に関し「GDP比2%も念頭に増額を目指す」と明記した。

防衛費の拡充も安倍晋三政権からの宿題だった。安倍氏は20年の首相退任後に「機関銃の弾からミサイル防衛の(迎撃ミサイル)『SM3』に至るまで十分ではない。継戦能力はない」と予算不足を訴えていた。

22年に入りロシアがウクライナに侵攻した。北朝鮮は過去にないペースで弾道ミサイルを発射した。

台湾有事のリスクも高まる。中国の習近平（シー・ジンピン）国家主席は台湾の武力統一を否定していない。同年8月の中国軍による台湾周辺の軍事演習で日本の排他的経済水域（ＥＥＺ）内にミサイル５発が着弾した。

首相はこれらの動きを踏まえて安保政策の転換へと動きを加速する。

22年5月に来日したバイデン氏との会談で「防衛費の相当な増額を確保する」と明言し、事実上の「対米公約」にした。12月に決定した安保3文書はＧＤＰ比２％の水準へと防衛費を増やす方針も明確にした。

政府は安保関連3文書に米国の掲げる「統合防空ミサイル防衛（ＩＡＭＤ）」も記した。米軍と協力して抑止力を高める。陸海空の各自衛隊が米軍と実戦上の調整を担う常設の「統合司令部」の創設も提起した。

岸田、バイデン両氏は23年1月の日米首脳会談で同盟関係を新たな段階に引き上げることを確かめた。日本は米国と連携した抑止のために防衛力強化を進める。

第 5 章

一目で分かる重要文書

政策の大転換にはこれからも説明責任がつきまといます。
政策決定の過程が検証できるよう
一連の重要文書のポイントや全文をまとめました。

1　防衛力に関する有識者会議の報告書

防衛力に関する有識者会議　報告書全文

はじめに

「国力としての防衛力を総合的に考える有識者会議」では2022年9月30日から4回にわたり、以下の趣旨で精力的に議論を行ってきたところであり、ここにとりまとめの結果を報告する。なお、第3回有識者会議において折木良一元統合幕僚長および佐藤雄二元海上保安庁長官をお招きしご所見を伺ったところ、とりまとめにあたり当該ご所見を参考にさせていただいたことを付言する。

［有識者会議設置の趣旨］

日本を取り巻く厳しい安全保障環境を乗り切るためには日本が持てる力、すなわち経済力を含めた国力を総合し、あらゆる政策手段を組み合わせて対応していくことが重要だ。こうした観点から、自衛隊の装備および活動を中心とする防衛力の抜本的強化はもとより、自衛隊と民間との共同事業、研究開発、国際的な活動など実質的に日本の防衛力に資する政府の取り組みを整理し、これらも含めた総合的な防衛体制の強化をどのように行っていくべきかについて議論する。

また、こうした取り組みを技術力や産業基盤の強化につなげるとともに有事であっても日本の信用や国民生活が損なわれないよう、経済的ファンダメンタルズを涵養(かんよう)していくことが不可欠だ。こうした観点から、総合的な防衛体制の強化と経済財政の在り方についてどのように考えるべきかについて議論する。

1. 防衛力の抜本的強化について

（1）目的・理念、国民の理解

インド太平洋におけるパワーバランスの変化や周辺国などによる変則軌道のものを含む相

有識者会議の構成員

上山 隆大	総合科学技術・イノベーション会議議員
翁 百合	日本総合研究所理事長
喜多 恒雄	日本経済新聞社顧問
国部 毅	三井住友フィナンシャルグループ会長
黒江 哲郎	元防衛次官
○佐々江 賢一郎	元外務次官
中西 寛	京大院教授
橋本 和仁	科学技術振興機構理事長
船橋 洋一	国際文化会館グローバル・カウンシルチェアマン
山口 寿一	読売新聞グループ本社社長

（注）五十音順、敬称略。○は座長

首相官邸で開いた「国力としての防衛力を総合的に考える有識者会議」

次ぐミサイル発射など深刻化する日本の安全保障環境を受け、国民の安全保障に対する関心がかつてないほど高まっている。

防衛力の抜本的強化の目的はこのような厳しい安全保障環境において、日本の国民の生命と財産、日本の主権および平和と安定を守り、国際社会の秩序を保ち、安定を図ることにある。それには日本および日本周辺での戦争を抑止し、力による現状変更を許さないという日本の意思を国内外に示し、有事の発生それ自体を防ぐ抑止力を確保しなければならない。

そして、自分の国は自分たちで守るとの当たり前の考えを改めて明確にすることは同盟国や同志国などからの信頼を揺るぎないものにするために不可欠であることも忘れてはならない。この防衛力強化の目的を国民に「我が事」として受け止め理解して頂けるよう、政府は国民に対して丁寧に説明していく必要がある。

その際に重要なことはなぜ防衛力を抜本的に強化する必要があるのか、国民生活の安全や経済活動の安定を守るために必要な措置はどのようなものか、そのためにどれぐらいの負担が必要となるのかについて国民に理解してもらう努力であり国民に丁寧に説明していくことだ。

（2） 防衛力の抜本的強化の必要性

［戦略性・実現可能性］

日本周辺の安全保障環境は厳しさを一段と増しており、また戦闘領域が宇宙、サイバー、電磁波といった分野にも広がり、いわゆるハイブリッド戦の展開など戦い方も大きく変容している。このような新しく厳しい安全保障環境を考えるとき何ができるかだけではなく、何をなすべきかという発想で、5年以内に防衛力を抜本的に強化しなければならない。

その際には、戦略性・実現可能性の観点から優先順位をつけて着実に成果を上げる必要がある。まず、具体的な脅威となる能力に着目し、5年後や10年後における戦い方を見据えて他国による侵攻の抑止や阻止、排除を行い得る防衛力を構築するという戦略性が求められる。防衛省は防衛力の抜本的強化の7つの柱として①スタンド・オフ防衛能力②総合ミサイル防空能力③無人アセット防衛能力④領域横断作戦能力⑤指揮統制・情報関連機能⑥機動展開能力⑦持続性・強靱（きょうじん）性――を掲げており、上記の戦略性の観点も踏まえつつ、これらを速やかに実行することが不可欠だ。同時に同盟国や同志国との連携や補完関係を踏まえたグランドデザインも必要だ。

このため、同盟国などとの共同対処やシナジー効果も考慮した上で日本として優先的にどの分野を強化すべきか、また、どこまで備えが必要かという観点が重要だ。特に日米同盟は日本の安全保障政策の基軸であり、米国による拡大抑止の信頼性や、自衛隊の基地や在日米軍施設・区域などの日米の共同使用を含む共同対処能力などの安全保障面での協力の強化に加え、外交・経済などを含む幅広い分野で一層の協力の強化が不可欠だ。

また、防衛力を抜本的に強化する計画が単なる机上の計画で終わっては国民の理解は得られない。計画に沿って防衛予算を着実に執行し、装備品を調達・配備・運用できる実現可能性が求められる。既存の装備品などのスクラップ・アンド・ビルドを的確に行うことも必要だ。

［反撃能力・継戦能力］

インド太平洋におけるパワーバランスが大きく変化し、周辺国などが核・ミサイル能力を質・量の面で急速に増強し、特に変則軌道や極超音速のミサイルを配備しているなか、日本の反撃能力の保有と増強が抑止力の維持・向上のために不可欠だ。なお、反撃能力の発動については事柄の重大性にかんがみ、政治レベルの関与の在り方についての議論が必要だ。その際、国産のスタンド・オフ・ミサイルの改良などや外国製のミサイルの購入により、今後5年を念頭にできる限り早期に十分な数のミサイルを装備すべきだ。

また、リアルな継戦能力を高めることは抑止力と対処力の向上につながる。そのためには、これまで十分に手が回らなかった弾薬や有事対応に必要な抗たん性の高い施設などのその戦力の基礎となる部分を着実に整備していくことが必要だ。自衛隊に常設統合司令部と常設統合司令官を設置することも早急に検討する必要がある。また、有事の際も国民を守り、社会経済を安定させる観点から、エネルギー安全保障や食料安全保障、日本の自律性・不可欠性・優位性の確保を含む経済安全保障の視点や、国民保護に係るしっかりとした計画づくりも重要だ。ロシアによるウクライナ侵略の際に見られたように、電力・通信インフラが攻撃される事態にどのように対処するのかという計画を持っていなければ抑止力は減殺されかねない。

[防衛産業・人的基盤]

日本は工廠（こうしょう）を持っておらず、自衛隊のニーズ（需要）に従って防衛装備品の研究開発から製造、修理、さらに補給まで、実際に担っているのは民間の防衛産業だ。その意味で、防衛産業は防衛力そのものといえる。しかしながら、防衛部門から撤退する国内企業も出てきている。競争力のある国内企業が優れた装備品やデジタル技術などを供給できるよう防衛産業に関する課題を総ざらいし、防衛省に関係府省を加えた体制を整えて、より積極的に育成・強化を図っていく必要がある。特に、これから強化しなければならないサイバー部門に国内企業が人や資金を投入しやすい環境をつくるのは政府の責務といえる。

防衛産業の育成・強化に当たっては防衛装備品の海外移転と一体で考えていく必要がある。その際、「自由で開かれたインド太平洋」というビジョンの下、地域の平和と安定を確保し、日本にとって望ましい安全保障環境の創出につなげるといった大きな視点に立ち、防衛装備品の移転拡大を日本の安全保障の理念と整合的に進めていくべきだ。

そのため、防衛装備品の移転に課している防衛装備移転三原則および同運用指針などによる制約をできる限り取り除き、日本の優れた装備品などを積極的に他国に移転できるようにするなど防衛産業が行う投資を回収できるようにし、少なくとも防衛産業を持続可能なものとしなければならない。日本政府だけが買い手である構造から脱却し、海外に市場を広げ、国内企業が成長産業としての防衛部門に積極的に投資する環境をつくることが必要だ。国主導の体制を整え装備移転を促進することは、移転先の同志国などとの関係強化や地域の平和と安定に貢献することとなり、また、積極的平和主義の理念とも合致する。

また、自衛隊員は職務遂行にあたり「事に臨んでは危険を顧みず、身をもって責務の完遂に務める」と、自分の命をかけることをあらかじめ宣誓している唯一の公務員だ。自衛官・事務官の人材確保は重要な課題であり、危険を顧みず職務に従事することが求められている自衛隊員の処遇改善、退職自衛官の活用などを積極的に検討していく必要がある。さらに、サイバー・宇宙などを含む領域横断作戦能力が重要になってきていることを踏まえ、防衛大学校や自衛隊の各種学校における人材育成において新しい発想が必要となっている。

［防衛力の抜本的強化と総合的な防衛体制の強化］

現在、日本が置かれている安全保障環境は非常に厳しく「待ったなし」の状況にあり、中途半端な対応ではなく防衛力の抜本的強化をやり切るために必要な水準の予算上の措置をこの5年間で講じなければならない。

ただし、5年以内に抜本的に強化するに際しては、同時に10年後といった長期間での強化策の内容や規模を「見える化」することも国民の理解を得る上で重要だ。特に、防衛装備品は完成まで時間がかかるため、初めに総額で契約し、その後複数年度に分けて支払いを行うという特徴がある。このように後年度負担となる契約額と毎年度の支払いである予算とでタイムラグが生じるという構造を含め、国民に分かりやすく示されなければならない。

その際、防衛力強化について負担の議論まで視野に入れる以上、規模ありきではなく優先順位づけ、実現・執行可能性のチェックなど丁寧な議論を積み上げていくことが重要だ。

また、国民生活の安全や経済活動の安定を守るために真に実効的な、外交力や経済力なども含めて日本の安全を確保する総合的な防衛体制の在り方について本質的な検討も必要だ。2.「縦割りを打破した総合的な防衛体制の強化について」で示すように、日本の安全保障を確保するための最終的な担保である防衛力を抜本的に強化し、同時に、これを補完する不可分一体の取り組みとして日本の国力を結集して総合的な防衛体制を強化するとともに3.「経済財政の在り方について」で述べる経済・財政基盤の強化にも目配りし、新たな危機の時代を乗り切らなければならない。

日本の防衛力の抜本的強化と、これと一体となる総合的な防衛体制の強化の度合いを測る上では北大西洋条約機構（NATO）加盟国が用いる尺度を参考としつつも、これを直接採用することはせず、日本特有の安全保障環境・国情や予算の仕組みに即して行うことが必要だ。その際、日本の総合的な防衛体制の強化に向けた努力が国際的に評価されるものでなければならない点には当然留意すべきだ。

2．縦割りを打破した総合的な防衛体制の強化について

（1）総論

日本周辺における核・ミサイル能力の増強や力による一方的な現状変更の試み、サイバー攻撃を用いたハイブリッド戦など新しい戦い方や国民保護といった幅広い課題に対応していかなければならない。このような課題に対処する上では防衛力の抜本的強化が中核となるが、幅広い課題であるが故に、外交力・経済力といった防衛力以外の国力の活用も不可欠だ。「自衛隊が強くなければ国は守れない」という考えが根本であるが、同時に「自衛隊だけでは国は守れない」ということも肝に銘じ、自衛隊のみならず国全体で総合的に取り組まなければならない。

この点に関し、新たな国家安全保障戦略と防衛計画の大綱などにより、防衛力の抜本的な強化とそれを補完する総合的な防衛体制の強化の適切な連携が確保されるようにすべきだ。例えば、インド太平洋における海洋国家である日本においては領海を守り、関係国と協力してシーレーンの安定を確保する上で、海上保安庁による法執行活動も死活的に重要だ。

現下の厳しい安全保障環境を踏まえれば、平素から最前線で活動している海上保安庁の体制を大幅に強化し、抑止力・対処力を増強していかなければならない。また、有事における防衛相による海上保安庁に対する統制、それに基づく海上保安庁と自衛隊の連携も極めて重要な課題だ。

また、サイバーであれば警察、総務省、さらには民間企業が対応していることに加え先端的で原理的な技術の多くはマルチユースであり、公共インフラは有事に国民を守る重要な機能を担うこととなる。

こうした現状を踏まえれば、これらの分野におけるあらゆる能力を国力としての防衛力という観点で総合的・一体的に利活用すべきだ。他府省や民間企業が管理・所有する研究成果やインフラ機能が政府として最大限活用されるよう、府省間、官民の連携体制を構築することが必要だ。その際、防衛省・自衛隊などのニーズを踏まえ、関係府省が連携し、それらの予算が総合的な防衛体制の強化のために効果的に活用される仕組みとすることが重要だ。

(2) 研究開発

最先端の科学技術の進展の速さはこれまでの常識をはるかに超えており、基礎研究の成果がすぐに実用技術で展開されるようなケースが増えている。また、先端的で原理的な技術はほとんどが民生でも安全保障でも、いずれにも活用できるマルチユースだ。言い換えれば、民生用基礎技術、安全保障用の基礎技術といった区別は実際には不可能になってきている。

また、宇宙、サイバー、人工知能（ＡＩ）、量子コンピューティング、半導体など最先端の科学技術は経済発展の基盤と同時に防衛力の基盤にもなっている。だからこそ、先端技術への国家投資は総合的な防衛体制の強化だけでなく経済力の強化という観点からも重要だ。安全保障上の技術にとどまることなく研究開発を推進し、それをさらに社会で活用し、市場化するというイノベーションや産業構造の転換が経済力を強化し、経済力が研究開発につながっていくという好循環を目指すべきだ。

このため、総合的な防衛体制の強化に当たっては安全保障分野の研究者だけでなく、広くアカデミアや民間の最先端の研究者の協力が必須だ。政府としては府省間の縦割りを打破して政府と大学、民間が一体となって、防衛力の強化にもつながる研究開発を進めるための仕組みづくりに早急に取り組むべきだ。具体的には、防衛省以外の他府省計上の予算について総合的な防衛体制の構築に資するよう、安全保障分野におけるニーズとシーズ（研究や技術の種）をマッチングさせる政府横断的な枠組みを構築すべきだ。

なお、前述のように宇宙、サイバー、ＡＩ、量子コンピューティング、半導体など最先端の科学技術に対しては研究開発の枠組みを作るだけではなく、最先端の研究者に参画してもらうことが必須だ。国立研究開発法人をハブとして活用することや大学の内外に特別な場を作ることも一案だ。研究開発のそれぞれの分野、枠組みの性格に応じて慎重にコンセンサスを得ていく努力が重要だ。

(3) 公共インフラ

公共インフラも安全保障を目的とした利活用をさらに進めるべきだ。特に南西諸島の港湾や空港などの公共インフラは安全保障上の重要な機能を担い得る。自衛隊・海上保安庁の配備・利用が想定される空港・港湾、国民保護のために必要な空港・港湾などを含め、有事を見越して平時から政府全体で備えることが重要だ。このことが抑止力の向上に資する。このような公共インフラ投資を促進していくため、毎年度の事業のマッチングなど防衛省・自衛隊や海上保安庁のニーズを反映する枠組みを構築すべきだ。

この取り組みは有事に備えて港湾や空港を平素から利活用するルールづくりと一体として行われなければならない。

一方で、自衛隊が港湾や空港を使用することに対して抵抗感のある地方自治体もあることも事実だ。加えて、有事の際に国民の命を守る避難施設の整備も平時から進める必要がある。地方自治体と住民の協力を得ながらこれらの取り組みを進めていくためには政府が一体となって努力する必要がある。

(4) サイバー安全保障、国際的協力

ハイブリッド戦では攻撃側が自身の身元などを秘匿しつつ、様々なところにサイバー攻撃を仕掛けてくる。被害を受けたインフラなどの種類によって所管府省が異なることは非効率であり、民間も含めて一体となって対応できる革新的な体制を考えるべきだ。また、サイバー攻撃については被害を受けてから対処するのではなく、それを未然に防ぐための能動的なサイバー防御（アクティブ・サイバー・ディフェンス）が必要だ。そうした観点から、国家として人材や新規産業の育成も含めてサイバー安全保障能力を高めるべきだ。具体的には、日本全体のサイバー安全保障分野での対応を一元的に指揮する司令塔機能を大幅に強化するなどし、能動的なサイバー防御を実施できるような新たな制度を設けるべきだ。ただし、制度の検討に当たっては、その対象が安全保障にかかわるものに限ることを明確にし、通信

の秘密など国民の権利侵害に対する懸念を払拭することが必要となる。

また、地域の厳しい安全保障環境のなかで日本と地域の平和と安定を守るためには、日本だけでなく同志国などの抑止力を向上させることも効率的かつ効果的だ。そのため同志国などとの国際的協力の推進も不可欠であり、安全保障のニーズを踏まえて縦割りを打破して関係省庁が協力する仕組みを構築すべきだ。

(5) 具体的な仕組み

防衛力の抜本的強化を図るにあたり、総合的な防衛体制の強化は欠かせず、縦割りを打破し、政策資源の最大限の有効活用を図ることを通じ、日本の持てる力を結集しなければならない。関係府省が連携する新たな仕組みを左記のとおり構築し、その活用を大いに進めるべく将来を見据えた前向きな検討が求められる。

① 基本的考え方

防衛力の5年以内の抜本的な強化を図るには、左記の府省横断型の取り組みに対して、防衛力の抜本的強化を補完する不可分一体の取り組みとして、新たな「中期防衛力整備計画」の最終年度に当たる27年度予算には必要な水準の予算上の措置が講じられている必要がある。

それまでに複数年にわたって重点的に資源を配分する観点から、各年度予算においてこれらの取り組みに関する経費を総合的な防衛体制の強化に資する経費として計上・把握する。各年度の概算要求において特別な要望枠を設けるなどの予算要求と連動する大胆な措置を講じるとともに、その執行や防衛省・自衛隊・海上保安庁のニーズの反映状況を含めた進捗状況を関係府省会議において確認する。

②研究開発

総合的な防衛体制の強化に資する科学技術研究開発の推進のため、関係省庁が国家安全保障局（ＮＳＳ）、防衛省および内閣府（科学技術政策担当）と連携して、防衛省の意見を踏まえた研究開発ニーズと各省が有する技術シーズをマッチングさせるとともに、当該事業を実施していくための府省横断的な仕組みを創設する。

具体的には、国家安全保障局、防衛省および内閣府（科学技術政策担当）を含む関係府省会議において、毎年度の予算編成過程前に防衛上の「重要技術課題」とマッチングの「目標額」を定めた上で、防衛省の意見を踏まえた研究開発ニーズ、防衛省の研究開発、各省が汎用目的として実施可能な研究開発をマッチングするとともに、事業の執行についても関係府省会議で進捗確認する。

③ 公共インフラ

武力攻撃事態などにおける自衛隊・海上保安庁の展開、その前提となる平時の訓練その他日本の平和と安全のための任務の遂行のための利用や国民保護への対応の実施を円滑に行うため、国家安全保障局、防衛省および国土交通省（海上保安庁を含む）を含む関係府省会議の議論を経て、自衛隊・海上保安庁のニーズに基づき、国交省が関係府省と連携して、空港・港湾などの公共インフラの整備や機能強化を行う仕組みを創設する。

具体的には、国家安全保障局、防衛省および国交省を含む関係府省会議において、南西地域（特に先島諸島）における空港・港湾、自衛隊・海上保安庁の配備・利用が想定される空港・港湾、国民保護のために必要な空港・港湾などについて、自衛隊・海上保安庁のニーズを踏まえ、「特定重要拠点空港・港湾」（仮称）の整備・運用方針を定めた上で、それを空港法・港湾法に基づく基本方針に反映させ利用などに係る規程の整備を行う。

④ サイバー安全保障

サイバー安全保障分野の取り組みに関して、縦割りを打破し政府内で責任部局を定めて、一元的に指揮する体制を構築する。新体制はサイバー関連のインテリジェンスの収集・集約・分析を実施し、その結果も踏まえ、民間との情報共有を含めた積極的な連携やサイバー攻撃を未然に防ぐための能動的な対処などを含むサイバー安全保障分野の取り組みの総合調整を行う。

⑤国際的協力

総合的な防衛体制の強化に資する国際協力の推進のため、国家安全保障局、防衛省および外務省などが連携して、日本および同志国の抑止力の強化を含む安全保障上のニーズを踏まえた国際的な支援を行う仕組みを創設する。

具体的には、国家安全保障局、防衛省および外務省などからなる国家安全保障局が主催する関係府省会議において、毎年度の予算編成過程前に日本と同志国の抑止力の向上、日本の防衛装備品の移転の推進などの観点から、非ＯＤＡの無償の資金協力による同志国の軍などに対する資機材供与やインフラ整備などを「特定安全保障国際支援事業」として特定する。事業の執行についても関係府省会議で進捗を確認する。

3．経済財政の在り方について

(1)防衛力強化と経済財政

国力としての防衛力を強化するためにも経済力を強化する必要がある。防衛力強化には先

防衛力を考える有識者会議の佐々江座長㊧から
報告書を受け取る岸田首相

端技術の開発や防衛産業の振興など日本の経済力強化につなげられそうな糸口が複数ある。

さらに、日本の財政基盤の強化も欠かせない。日本が抱える脆弱性として中長期的に国力低下の要因となり得る少子化・人口減少に加え、有事における金融・財政の持続可能性が挙げられる。有事を想定した総合的な防衛体制の強化には持続性のある経済力・財政基盤の強化とそれに対する国民の理解が必要だ。有事の際に日本経済・金融システムにどのようなリスクが発生するのか、それらのリスクをいかに最小化して、日本経済・金融システムを守るのかをあらかじめ検討しておくことが重要になる。

海外依存度が高い日本経済にとっては、エ

ネルギーなどの資源確保とともに国際的な金融市場の信認を確保することが死活的に重要だ。足元では貿易赤字が続くとともに、長期的には成熟した債権国としての地位も盤石である保証はない。資金調達を海外投資家に依存せざるを得ない事態に備えることも念頭におく必要がある。

英国政府の大型減税策が大幅なポンド安を招いたことは国際的なマーケットからの信認を維持することの重要性を示唆しており、既に公的債務残高の国内総生産（GDP）比が高い日本は、なおさらそのことを特に認識しなければならない。加えて、安全保障上のツールとして金融制裁を活用するケースが増えてきており、金融市場に強いストレスがかかった際、有事における日本経済の安定を維持できる経済力と財政余力がなければ、国力としての防衛力がそがれかねない点にも留意が必要だ。その意味で、防衛力の抜本的強化を図るには経済情勢や国民生活の実態に配慮しつつ、財政基盤を強化することが重要だ。

(2) 財源の確保

防衛力の財源についてはその規模と内容にふさわしいものとする必要がある。防衛力の抜本的強化に当たっては、自らの国は自ら守るとの国民全体の当事者意識を多くの国民に共有して頂くことが大切だ。その上で、将来にわたって継続して安定して取り組む必要がある以上、安定した財源の確保が基本だ。これらの観点からは、防衛力の抜本的強化のための財源は今を生きる世代全体で分かち合っていくべきだ。

財源確保の検討に際しては、まずは歳出改革により財源を捻出していくことを優先的に検討すべきだ。透明性の高い議論と目に見える歳出の効率化を行うことにより、はじめて追加的な財源確保についての国民の理解が得られるものであることを忘れてはならない。防衛関係予算は非社会保障関係費に属することから、政府の継続的な歳出改革の取り組みとしては非社会保障関係費が対象となる。

また、過去のコロナ対策で国民の手元に届くことなく独立行政法人に積み上がった積立金の早期返納などを財源確保につなげる工夫も必要だ。

歳出改革の取り組みを継続的に行うことを前提として、なお足らざる部分については国民全体で負担することを視野に入れなければならない。歳出のタイミングと歳入のタイミングがずれることに伴う期間調整の仕組みや、防衛力の抜本的な強化の内容と他経費とのバランスを踏まえた検討は必要であるとしても、国債発行が前提となることがあってはならない。

歴史を振り返れば、戦前、多額の国債が発行され、終戦直後にインフレが生じ、その過程で国債を保有していた国民の資産が犠牲になったという重い事実があった。第2次大戦後に、安定的な税制の確立を目指し税制改正がなされるなど国民の理解を得て歳入増の努力が重ねられてきたのはこうした歴史の教訓があったからだ。

そうした先人の努力の土台の上に立って、国を守る防衛力強化が急務となっているなか、国を守るのは国民全体の課題であり、国民全体の協力が不可欠であることを政治が真正面から説き、負担が偏りすぎないよう幅広い税目による負担が必要なことを明確にして理解を得る努力を行うべきだ。持続的な経済成長実現と財政基盤確保とを同時に達成するという視点に立ち、国民各層の負担能力や現下の経済情勢へ配慮しつつ、財源確保の具体的な道筋をつける必要がある。

その際、高齢化が進むなかで今後も社会保険料などの負担が増すことを踏まえるとともに、成長と分配の好循環の実現に向け多くの企業が国内投資や賃上げに取り組んでいるなか、こうした企業の努力に水を差すことのないよう議論を深めていくべきだ。

政府は多角的な検討を速やかに行い、本年末に方針が決定される23年度予算編成・税制改正において成案を得て具体的な措置を速やかに実行に移すべきだ。

2　安保関連3文書の要旨

国家安全保障戦略

Ⅰ　策定の趣旨

日本は戦後最も厳しく複雑な安全保障環境に直面している。本戦略に基づく戦略的な指針と施策は戦後の日本の安保政策を実践面から大きく転換するものだ。

Ⅱ　日本の国益

1　日本の主権と独立を維持し、領域を保全し、国民の生命・身体・財産の安全を確保する。

2　日本の経済的な繁栄を主体的に達成しつつ、開かれ安定した国際経済秩序を維持・強化し、日本と他国が共存共栄できる国際的な環境を実現する。

3　自由、民主主義、基本的人権の尊重、法の支配といった普遍的価値や国際法に基づく国際秩序を維持・擁護する。

Ⅲ　日本の安保に関する基本的な原則

1　国際協調を旨とする積極的平和主義を維持する。

2　自由、民主主義、基本的人権の尊重、法の支配といった普遍的価値を維持・擁護する形で、安保政策を遂行する。

3　平和国家として専守防衛に徹し、他国に脅威を与えるような軍事大国とはならず、非核三原則を堅持するとの基本方針は今後も変わらない。

4　拡大抑止の提供を含む日米同盟は日本の安保政策の基軸であり続ける。

5　日本と他国との共存共栄、同志国との連携、多国間の協力を重視する。

Ⅳ 日本を取り巻く安保環境と日本の安保上の課題

1 グローバルな安保環境と課題 = (略)

2 インド太平洋地域における安保環境と課題

(1) インド太平洋地域における安保の概観

自由で開かれたインド太平洋というビジョンの下、同盟国と同志国などと連携し、法の支配に基づく自由で開かれた国際秩序を実現し、地域の平和と安定を確保していくことは日本の安保にとって死活的に重要だ。

(2) 中国

国防費を継続的に高い水準で増加させ十分な透明性を欠いたまま核・ミサイル戦力を含む軍事力を広範かつ急速に増強している。ロシアとの戦略的な連携を強化し、国際秩序への挑戦を試みている。

台湾海峡の平和と安定はインド太平洋地域のみならず国際社会全体において急速に懸念が高まっている。

現在の中国の対外的な姿勢や軍事動向などは日本と国際社会の深刻な懸念事項で、日本の平和と安全および国際社会の平和と安定を確保し法の支配に基づく国際秩序を強化する上でこれまでにない最大の戦略的な挑戦だ。日本の総合的な国力と同盟国・同志国などとの連携により対応すべきものだ。

(3) 北朝鮮

核戦力を質的、量的に最大限のスピードで強化する方針で、ミサイル関連技術などの急速な発展と合わせて考えれば日本の安保にとって従前よりも一層重大かつ差し迫った脅威となっている。

(4) ロシア

インド太平洋地域におけるロシアの対外的な活動、軍事動向などは中国との戦略的な連携と相まって安保上の強い懸念だ。

V 日本の安保上の目標

1 主権と独立を維持し、国内・外交に関する政策を自主的に決定できる国であり続け、領域、国民の生命・身体・財産を守る。日本自身の能力と役割を強化し、同盟国である米国や同志国などと共に、日本とその周辺における有事、一方的な現状変更の試みなどの発生を抑止する。

2 安保政策の遂行を通じて日本の経済が成長できる国際環境を主体的に確保する。日本の経済成長が日本を取り巻く安保環境の改善を促すという、安保と経済成長の好循環を実現する。

3 同盟国・同志国などと連携し、国際関係における新たな均衡を特にインド太平洋地域において実現する。特定の国家が一方的な現状変更を容易に行い得る状況となることを防ぎ、安定的で予見可能性が高く、法の支配に基づく自由で開かれた国際秩序を強化する。

4 国際経済、気候変動、感染症などの地球規模課題への対応、国際的なルールの形成などの分野において多国間の協力を進め、国際社会が共存共栄できる環境を実現する。

Ⅵ　日本が優先する戦略的なアプローチ

1　日本の安保に関わる総合的な国力の主な要素 ＝（略）

2　戦略的なアプローチとそれを構成する主な方策

（1）外交を中心とした取り組みの展開

日米韓、日米豪などの枠組みを活用しつつオーストラリア、インド、韓国、欧州諸国、東南アジア諸国連合（ＡＳＥＡＮ）諸国、カナダ、北大西洋条約機構（ＮＡＴＯ）、欧州連合（ＥＵ）などとの安保上の協力を強化する。

中国との間で様々なレベルの意思疎通を通じて主張すべきは主張し、責任ある行動を求めつつ、諸懸案も含め対話をしっかりと重ね共通の課題は協力する「建設的かつ安定的な関係」を構築する。

台湾は民主主義を含む基本的な価値観を共有し、緊密な経済関係と人的往来を有する極めて重要なパートナーであり大切な友人だ。

韓国は地政学的にも日本の安保にとっても極めて重要な隣国だ。北朝鮮への対応などを念頭に安保面を含め日韓、日米韓の戦略的連携を強化する。

北朝鮮による核・ミサイル開発に関しては米韓と緊密に連携しつつ、完全な非核化に向けた具体的行動を北朝鮮に求めていく。

ロシアとの関係はインド太平洋地域の厳しい安保環境を踏まえ、日本の国益を守る形で対応していく。

安保上の能力・抑止力の向上を目的に同志国に装備品・物資の提供やインフラの整備などを行う、軍などが裨益（ひえき）者となる新たな協力の枠組みを設ける。

（2）日本の防衛体制の強化

日本周辺では極超音速兵器などのミサイル関連技術と飽和攻撃など実戦的なミサイル運用能力が飛躍的に向上し、質・量ともにミサイル戦力が著しく増強され、日本へのミサイル攻撃が現実の脅威となっている。

ミサイル防衛網により飛来するミサイルを防ぎつつ相手からのさらなる武力攻撃を防ぐために日本から有効な反撃を相手に加える反撃能力を保有する必要がある。

有事の際の防衛相による海上保安庁に対する統制を含め、自衛隊と海保との連携・協力を不断に強化する。

2027年度までに日本への侵攻に日本が主たる責任をもって対処し、同盟国などの支援を受けつつ阻止・排除できるよう防衛力を強化する。おおむね10年後までにより早期かつ遠方で日本への侵攻を阻止・排除できるようにする。

27年度において防衛力の抜本的強化とそれを補完する取り組みのための予算水準が現在の国内総生産（GDP）の2％に達するよう所要の措置を講ずる。

研究開発、公共インフラ整備、サイバー安保、日本と同志国の抑止力の向上などのための国際協力の4分野の取り組みを推進し、総合的な防衛体制を強化する。

防衛装備移転三原則や運用指針をはじめとする制度の見直しを検討する。

自衛隊員の処遇の向上を図る。

（3）米国との安保面における協力の深化

米国による拡大抑止の提供を含む日米同盟の抑止力と対処力を一層強化する。

（4）日本を全方位でシームレスに守るための取り組みの強化

重大なサイバー攻撃のおそれがある場合、未然に排除し、被害の拡大を防止するために能動的サイバー防御を導入する。

国内の通信事業者が役務提供する通信に係る情報を活用し、攻撃者による悪用が疑われるサーバーなどを検知するために所要の取り組みを進める。重大なサイバー攻撃で可能な限り未然に攻撃者のサーバーなどへの侵入・無害化ができるよう、政府に必要な権限が付与されるようにする。

内閣サイバーセキュリティセンター（ＮＩＳＣ）を発展的に改組し、サイバー安保分野の政策を一元的に総合調整する新組織を設置する。法制度の整備、運用の強化を図る。

海上保安能力を大幅に強化し体制を拡充する。有事の際の防衛相による海保に対する統制を含め、海保と自衛隊の連携・協力を不断に強化する。

日本全体の宇宙に関する能力を安保分野で活用するための施策を進める。

防衛省の意見を踏まえた研究開発ニーズと関係省庁が有する技術シーズを合致させるための政府横断的な仕組みを創設する。

多様な情報源に関する情報収集能力を大幅に強化する。

経済安保分野における新たなセキュリティー・クリアランス制度の創設の検討に関する議論なども踏まえつつ、情報保全のための体制のさらなる強化を図る。偽情報などの拡散を含め、認知領域における情報戦への対応能力を強化する。

自衛隊・海保のニーズに基づき空港、港湾などの公共インフラの整備や機能を強化する政府横断的な仕組みを創設する。

(5) 自主的な経済的繁栄を実現するための経済安保政策の促進＝略

(6) 自由、公正、公平なルールに基づく国際経済秩序の維持・強化＝略

(7) 国際社会が共存共栄するためのグローバルな取り組み＝略

Ⅶ 日本の安保を支えるために強化すべき国内基盤

1 経済財政基盤の強化

幅広い分野で有事の際の持続的な対応能力を確保する。安定的なサプライチェーンの構築などのための官民の連携を強化する。

有事の際の財政需要の大幅な拡大に対応するためには国際的な市場の信認を維持し、必要な資金を調達する財政余力が極めて重要となる。

2　社会的基盤の強化

平素から国民や地方公共団体・企業を含む政府内外の組織が安保に対する理解と協力を深めるための取り組みを行う。

3　知的基盤の強化

安保分野における政府と企業・学術界との実践的な連携の強化などの施策を進める。

国家防衛戦略

【策定の趣旨】

国際社会は深刻な挑戦を受け、新たな危機に突入している。国民の命と平和な暮らしを守り抜くためには、相手の能力と新しい戦い方に着目した防衛力の抜本的強化が必要だ。

1976年以降6回策定してきた防衛計画の大綱に代えて、日本の防衛目標を達成するためのアプローチと手段を包括的に示すため「国家防衛戦略」を策定する。

【防衛体制の強化】

日本への侵攻そのものを抑止するために、遠距離から侵攻戦力を阻止・排除できるように「スタンド・オフ防衛能力」と「統合防空ミサイル防衛能力」を強化する。

2027年度までに、侵攻が生じる場合は主たる責任をもって対処し、同盟国などの支援を受けつつ、これを阻止・排除できるように防衛力を強化する。

今後5年間の最優先課題は、現有装備品を最大限有効に活用するため、可動率向上や弾薬・燃料の確保、主要な防衛施設の強靱化への投資を加速するとともに、将来の中核となる能力を強化することだ。

自らの防衛力を抜本的に強化することで日米同盟の抑止力・対処力がさらに強化され、同志国などとの連携が強化される。日本を過小評価させず、相手方にその能力を過大評価させないことにより侵攻を抑止する。

抑止の鍵となるのはスタンド・オフ防衛能力などを活用した反撃能力だ。弾道ミサイル防衛という手段だけに依拠し続けた場合、この脅威に対し既存のミサイル防衛だけで完全に対応することは難しくなりつつある。

反撃能力とは武力の行使の3要件に基づき、必要最小限度の自衛の措置として相手の領域において有効な反撃を加えることを可能とする能力をいう。

憲法と国際法の範囲内で、専守防衛の考え方を変更するものではなく、武力の行使の3要件を満たして初めて行使され、武力攻撃が発生していない段階で自ら先に攻撃する先制攻撃は許されないことはいうまでもない。

日米の基本的な役割分担は今後も変更はないが、日本が反撃能力を保有することに伴い、弾道ミサイルなどの対処と同様に日米が協力して対処していく。

総合的な防衛体制の強化のための府省横断的な仕組みの下、防衛省・自衛隊のニーズを踏まえ、先端技術の研究開発を防衛目的に活用していく。

特に南西地域における空港・港湾などを整備・強化し、既存の空港・港湾などを運用基盤として、平素からの訓練を含めて使用するため関係省庁間で調整する枠組みの構築など必要な措置を講ずる。重要なシーレーンの安定的利用の確保などに取り組む。

【日米共同の抑止・対処】

日米共同による宇宙・サイバー・電磁波を含む領域横断作戦を円滑に実施するための協力と相互運用性を高めるための取り組みを一層深化させる。反撃能力は情報収集を含め日米共同でその能力をより効果的に発揮する協力態勢を構築する。

核抑止力を中心とした米国の拡大抑止が信頼でき強靱なものであり続けることを確保するため、日米間の協議を閣僚レベルのものも含めて一層活発化・深化させる。

【防衛力強化で重視する能力】

27年度までに地上発射型と艦艇発射型を含めスタンド・オフ・ミサイルの運用可能な能力を強化する。国産スタンド・オフ・ミサイルの増産体制確立前に十分な能力を確保するため、外国製のスタンド・オフ・ミサイルを早期に取得する。

おおむね10年後までに、航空機発射型スタンド・オフ・ミサイルを運用可能な能力に強化するとともに、変則的な軌道で飛翔することが可能な高速滑空弾、極超音速誘導弾、その他スタンド・オフ・ミサイルを運用する能力を獲得する。

弾薬は必要数量が不足している状況を解消する。優先度の高い弾薬については製造態勢を強化するとともに火薬庫を増設する。部品不足を解消し計画整備など以外の装備品が全て可動する体制を確保する。

【自衛隊の体制】

統合運用の実効性を強化するため、既存組織の見直しにより、陸海空自衛隊の一元的な指揮を行い得る常設の統合司令部を創設する。

宇宙利用の優位性を確保し得る体制を整備することにより、航空自衛隊を航空宇宙自衛隊とする。能動的サイバー防御を含むサイバー安全保障分野に係る政府の取り組みも踏まえ体制を抜本的に強化する。

質の高い人材を必要数確保するため、募集能力の一層の強化を図る。定年年齢をさらに引き上げるとともに退職する自衛官の再任用を拡大する。サイバー領域などの専門的な知識・技能を有する民間人材を含めた幅広い層から人材確保を推進する。

防衛力整備計画

【計画の方針】

5年後の2027年度までに、日本への侵攻が生起する場合には日本が主たる責任をもって対処し阻止・排除できるように防衛力を強化する。おおむね10年後までに防衛力の目標をより確実にするため、より早期かつ遠方で侵攻を阻止・排除できるように防衛力を強化する。

装備品の取得は能力の高い新たな装備品の導入と既存の装備品の延命や能力向上などを適切に組み合わせ、必要十分な防衛力を確保する。コストの削減に努める。特に政策的に重要性が高い事業は民生先端技術の取り込みも図り、早期装備化を実現する。

【自衛隊能力の主要事業】

防衛力の抜本的強化の早期実現のためスタンド・オフ・ミサイルの量産弾を取得し、米国製のトマホークなどの着実な導入を実施・継続する。

もはや安全なネットワークは存在しないとの前提に立ち、サイバー領域の能力強化を進める。

防衛省・自衛隊のサイバーセキュリティー態勢強化のため、陸上自衛隊通信学校を陸上自衛隊システム通信・サイバー学校に改編し、サイバー要員を育成する教育基盤を拡充する。

２０２７年度を目途に自衛隊サイバー防衛隊などサイバー関連部隊を４０００人ほどに拡充する。あわせて防衛省・自衛隊のサイバー要員を2万人体制とし、将来的にさらなる拡充を目指す。

偽情報や戦略的な情報発信などで他国の世論・意思決定に影響を及ぼし、自らに有利な安全保障環境の構築を企図する情報戦に重点が置かれている。確実に対処できる体制・態勢を構築する。

人工知能（ＡＩ）を活用した公開情報の自動収集・分析機能の整備、情報発信の真偽を見極めるためのＳＮＳ（交流サイト）上の情報などを自動収集する機能の整備、情勢見積もりに関する将来予測機能の整備を行う。

島しょ部への侵攻阻止に必要な部隊などを南西地域に迅速かつ確実に輸送するため、各種輸送アセットの取得を推進する。海上輸送力を補完するため、車両およびコンテナの大量輸送に特化した民間資金等活用事業船舶を確保する。

港湾規模に制約のある島しょ部への輸送の効率性を高めるため揚陸支援システムの研究開発を進める。輸送を必要とする補給品の南西地域への備蓄により輸送所要を軽減する取り組みを講じる。

自衛隊の機動展開のための民間船舶・航空機の利用の拡大について関係機関などとの連携を深める。自衛隊の各種輸送アセットも利用した国民保護措置を計画的に行えるよう調整・協力する。

部品費と修理費の確保により部品不足による非可動を解消し、27年度までに装備品の可動数を最大化する。需給予測の精緻化を図る。部隊が部品を受け取るまでの時間を短縮するため、補給倉庫の改修を進める。

スタンド・オフ・ミサイルをはじめ各種弾薬の取得に連動して、必要となる火薬庫を整備する。各自衛隊の効率的な協同運用、米軍の火薬庫の共同使用、弾薬の抗たん性の確保の観点から島しょ部への分散配置を追求、促進する。

【自衛隊の体制】

各自衛隊の統合運用の実効性の強化に向けて常設の統合司令部を創設する。（陸自の）作戦基本部隊は南西地域の防衛体制を強化するため、第15旅団を師団に改編する。

情報戦への対応能力を強化するため所要の研究開発を実施する。総合的に情報戦を遂行するため、体制の在り方を検討し（海上自衛隊に）情報戦基幹部隊を新編する。

水中および海上優勢の確保や人的資源の損耗を低減させるため、各種無人アセット（滞空型無人機、無人水上航走体、無人水中航走体など）を導入するとともに、無人機部隊を新編する。

35年度までに英国、イタリアと次期戦闘機の共同開発を推進する。

宇宙作戦能力を強化するため、宇宙領域把握態勢の整備を着実に推進し、将官を指揮官とする宇宙領域専門部隊を新編する。航空自衛隊を航空宇宙自衛隊とする。

【防衛産業】

特に緊急性の高い分野についてスタートアップ企業や研究機関などの技術を活用し、早期装備化を実現する。障害となり得る防衛省内の業務上の手続きや契約方式を柔軟に見直す。

運用実証・評価・改善などの集中的な反復を通じて、5年以内に装備化し、おおむね10年以内に本格運用するための枠組みを新設する。

様々なリスクへの対応や防衛生産基盤の維持・強化のため、製造など設備の高度化、サイバーセキュリティー強化、サプライチェーン強靱（きょうじん）化、事業承継といった企業の取り組みに適切な財政措置や金融支援などを行う。

サプライチェーンリスクを把握するため、調査する。新規参入を促進することでサプライチェーン強靱化と民生先端技術の取り込みを図る。同盟国、同志国の防衛当局と協力してサプライチェーンの相互補完を目指す。

防衛装備移転は同盟国と同志国との実効的な連携を構築し、日本への侵攻を抑止するための外交・防衛政策の戦略的な手段となる。防衛装備品の販路拡大を通じた防衛産業の成長性の確保にも効果的だ。基金を創設し企業支援をしていく。

必要な予算措置、法整備および政府系金融機関などの活用による政策性の高い事業への資金供給を行う。執行状況を不断に検証し、必要に応じて制度を見直す。

【予算規模】

23～27年度の5年間で本計画の実施に必要な防衛力整備の水準に係る金額は43兆円程度とする。

3　日米首脳共同声明

日米首脳共同声明の全文

2023年1月13日にとりまとめた日米首脳による共同声明の全文は次の通り。

ジョセフ・バイデン米大統領と岸田文雄首相は日米同盟、インド太平洋と世界にとって歴史的な瞬間に会談する。今日の我々の協力は、自由で開かれたインド太平洋と平和で繁栄した世界という共通のビジョンに根ざし、法の支配を含む共通の価値に導かれた前例のないものだ。

インド太平洋は、ルールに基づく国際秩序と整合しない中国の行動から北朝鮮による挑発行為に至るまで、増大する挑戦に直面している。欧州ではロシアがウクライナに不当かつ残虐な侵略戦争を継続している。

我々は世界のいかなる場所においても、あらゆる力や威圧による一方的な現状変更の試みに強く反対する。

こうした状況を総合すると米国と日本には引き続き単独及び共同での能力を強化することが求められている。バイデン氏は新たな国家安全保障戦略、国家防衛戦略、防衛力整備計画に示されているような、防衛力の抜本的強化とともに外交的取り組みを強化する日本の果敢なリーダーシップを称賛した。

日本によるこれらの取り組みはインド太平洋及び国際社会全体の安全保障を強化し、21世紀に向けて日米関係を現代化するものとなる。

我々の安全保障同盟はかつてなく強固なものとなっている。両首脳は日米同盟がインド太平洋の平和、安全及び繁栄の礎であり続けると改めて確認した。

バイデン氏は核を含むあらゆる能力を用いた、日米安全保障条約5条の下での日本の防衛に対する米国の揺るぎないコミットメントを改めて表明した。同条が沖縄県尖閣諸島に適用されると改めて確認した。

日米安全保障協議委員会（2プラス2）で、日米の外務・防衛担当閣僚は日米同盟の現代化に向けて我々が成し遂げた比類なき進展を強調した。サイバー及び宇宙の領域におけるものを含め新しく発生している脅威に対処するため、共同の戦力態勢及び抑止力の方向性をすり合わせてきた。

両首脳は日本の反撃能力、その他の能力の開発、効果的な運用について協力を強化するよう閣僚に指示した。我々は国家安全保障に不可欠な重要・新興技術に関する協力を深化させてきた。

国連安全保障理事会決議に従った朝鮮半島の完全な非核化へのコミットメントを改めて確認する。バイデン氏は拉致問題の即時解決への米国のコミットメントを改めて確認する。

台湾に関する両国の基本的立場に変化はないと強調し、国際社会の安全と繁栄に不可欠な要素である台湾海峡の平和と安定を維持することの重要性を改めて強調する。我々は両岸問題の平和的解決を促す。

我々は直面している課題が地域横断的であることを認識している。大西洋と太平洋を越えて結束し、ロシアのウクライナに対する不当かつ残虐な侵略戦争に断固として反対することで一致している。引き続きロシアへの制裁を実施し、ウクライナに揺るぎない支援を提供していく。

ロシアによるウクライナでのいかなる核兵器の使用も人類に対する敵対行為であり、決して正当化され得ないことを明確に述べる。ロシアによる重要インフラへの忌まわしい攻撃に直面しているウクライナを引き続き支援していく。

日米両国はまた経済面でリーダーシップを発揮していくことを改めて確認する。民主主義的な二大経済大国として日本が議長国の主要7カ国（G7）会合、米国のアジア太平洋経済協力会議（APEC）の開催を通じて国内外の繁栄を推進し、自由で公正でルールに基づく経済秩序を支えていく。

両首脳はG7広島サミットでの優先事項を議論し、法の支配に基づく国際秩序の堅持に対するG7のコミットメントを示すため、サミットの成功に向けて引き続き緊密に連携していく。

「日米競争力・強じん性（コア）パートナーシップ」の下での取り組みを基に、日米経済政策協議委員会（経済版2プラス2）などを通じ、半導体など重要・新興技術の保護や育成を含む経済安全保障、新たな二国間での宇宙枠組み協定を含む宇宙、そして我々が最も高い不拡散の基準を維持しながら原子力エネルギー協力を深化させたクリーン・エネルギー、エネルギー安全保障に関し、日米両国の優位性を一層確保していく。

我々は経済的威圧や非市場的政策、慣行、自然災害などの脅威に対して、同志国間で我々の社会、サプライチェーン（供給網）の強じん性を構築し、気候危機に対処する地球規模の取り組みを加速させ、信頼性のある自由なデータ流通（DFFT）を推進する。

インド太平洋経済枠組み（IPEF）はこれらの目標達成の軸となる。

包摂的な民主主義国家として我々は経済的繁栄を広く社会全体で享受することを確保するとともに、ジェンダー公平・平等、女性のエンパワーメントの実現に改めて関与する。

グローバルには（温暖化ガス排出量を実質ゼロにする）ネットゼロへの持続可能な前進を促進し、グローバル課題によりよく対処するために国際開発金融機関を進化させ、債務救済を提供するための債権者の協調を改善するべく協働する。

ロシアによる世界的なエネルギー・食料安全保障の毀損を含め、自らの経済力を用いて他者を利用する全ての主体を非難する。

世界中の公衆衛生当局が感染拡大を抑制し、新たな変異株の可能性を特定する体制を整えられるよう、中国に新型コロナウイルスの感染拡大に関する十分かつ透明性の高い疫学的データ、ウイルスのゲノム配列データを報告するよう求める。

我々は強固な二国間関係を基盤としながら、インド太平洋及び世界の利益のために、域内外の他の主体と協働していく。

オーストラリア、インドとともに国際保健、サイバーセキュリティー、気候、重要・新興技術、海洋状況把握において成果を出すことなどで地域に具体的な利益をもたらすことに関与し善を推進する力であり続けることを確保する。

引き続き東南アジア諸国連合（ＡＳＥＡＮ）の中心性・一体性及び「インド太平洋に関するＡＳＥＡＮアウトルック」を支持していく。安全保障及びその他の分野における、日本、韓国、米国の間の重要な三国間協力の強化に献身する。

「ブルー・パシフィックにおけるパートナー」を通じたものを含め、太平洋島しょ国との間で拡大しつつある連携をより強固なものにする。バイデン氏は日本が国連安保理の非常任理事国としての2年間の任期を開始し、1月に議長国を務めることに祝意を表した。

最も緊密な同盟国及び友人として、言葉だけでなく行動を通じて平和と繁栄を実現する決意を新たにし２０２３年をともに歩み始める。まさにそれが時代の要請だ。

【執筆者一覧】

吉野直也

佐藤理、山田宏逸、羽田野主、坂口幸裕、重田俊介、宮坂正太郎、甲原潤之介、中村亮、

三木理恵子、龍元秀明、根本涼、朝比奈宏、児玉章吾、今井秀和、

ジャーナリスト・古川英治